一学就会的闪算
（第2版）

刘开云　李燕燕　王　毅　编著

电子工业出版社

Publishing House of Electronics Industry

北京·BEIJING

内 容 简 介

本书致力于提高灵活思考和快速计算能力，特别适合中小学学生及家长阅读，对不同经历、职业的成年人同样有立竿见影的效果。

本书以人们常用的计算为内容，深入浅出，明确阐述计算原理，系统介绍两个数加减乘除、乘方、开方的多种闪算技巧，既讲述了诸如 $387+413$、$582-285$、1687×5、36×78、$352\div11$、47^2、195^2、$\sqrt[3]{19683}$ 等"眼看题目、口出得数"的特殊性运算，也解决了多位数加减、两位数相乘等不用竖式的普遍性运算。只要熟练掌握这些方法，计算结果便可脱口而出。

本书中的"家庭生活中的闪算"介绍了运算在实际生活中的一些应用。

图书在版编目（CIP）数据

一学就会的闪算 / 刘开云，李燕燕，王毅编著. —2 版. —北京：电子工业出版社，2021.6

ISBN 978-7-121-41390-2

Ⅰ. ①一… Ⅱ. ①刘… ②李… ③王… Ⅲ. ①速算—普及读物 Ⅳ. ①O121.4-49

中国版本图书馆 CIP 数据核字（2021）第 110584 号

责任编辑：徐云鹏

印　　刷：北京天宇星印刷厂

装　　订：北京天宇星印刷厂

出版发行：电子工业出版社

　　　　　北京市海淀区万寿路 173 信箱　邮编　100036

开　　本：720×1 000　1/16　印张：11　字数：174 千字

版　　次：2014 年 9 月第 1 版

　　　　　2021 年 6 月第 2 版

印　　次：2023 年 3 月第 4 次印刷

定　　价：43.60 元

前　言

　　日常生活中的很多事物都可以用数字量化表述，现代社会中的数字化无处不在。掌握计算方法，快速计算并得出准确结果，是现代人必须具备的基本素养。随着计算器、计算机和智能手机的普及，"手指运动"使计算变得容易。但是，工具的运用并不能代替大脑的思维！

　　以下是一个真实的故事。

　　几年前我到北欧旅游，中午在小镇超市买食品。我和老伴看好几样食品共需十几欧元。我们的钱最小面额是50欧元。老伴用流利的英语对售货员说："请找回欧元。"售货员回答："行。"她在计算器上忙乎了一阵，结果找回的都是其本国货币。老伴说："我们马上要去别国，请找欧元。"售货员说："对不起，先生，我算不出来，我找经理来帮忙。"经理来了，两人一起算。结果，经理说："我们真算不出来。要不，您把货退了吧。"

　　这件事让我很感叹：区区的货币换算真的有那么难吗？这样的计算是普通劳动者应该掌握的基本技能。于是，我产生了一个想法：要写本关于计算的书，让大家在生活中善于思考，离开计算工具也能算得准、算得快、算得有兴趣。

　　当你真的投入之后，会发现计算不仅有既定的规则，也有创新的思维空间。之前我对简算有些研究，这次更是静下心来多渠道收集方法，认真琢磨算理，尝试新的技巧。本书深入浅出，明确阐述计算原理，系统介绍两个数间的多种闪算技巧。闪算需要不断拓展自己的计算空间，即计算时要随机应变，迅速变换计算公式，将复杂的运算过程转换成简单运算。大道至简，掌握方法，明白算理，清楚逻辑，通过联想、推理和演绎，将题目化繁为简，化难为易。

走进计算的世界，你会感到计算中充满乐趣和哲理。

熟练掌握和应用闪算技巧会帮助你在学业、事业上事半功倍。治大国若烹小鲜，做大生意的人头脑中其实常常在做单价、总价、回报率等"大数"的简算。比如证券市场上每股股票的股价，房地产市场上每平方米房屋的房价，大宗商品市场上每克黄金的金价，乘以数量就可以得到总价。大家最关心的投资回报，其实不过是两个数之间的运算加上百分号而已。我有幸和不少金融及商业领域的顶尖精英有过接触，发现过人的心算能力是他们的共同特点之一。经常会看到他们轻松随意地说出项目成本、价格、收益、回报等商业数据的计算结果。如果在谈判桌上拿出个计算器敲半天，那真的是太煞风景了。

无论是在生活中，还是在学习、工作中，突出的个人能力都会体现出你的与众不同。准确的计算结果脱口而出，会帮助你在学习中节省时间，考试时取得好成绩，也有助于你在职场上更上一层楼。

2014年9月至今，《一学就会的闪算》得到了学生、家长及社会各界人士的广泛认可。依据读者反馈的意见和新课标的要求，我们决定修订并再版本书，以《一学就会的闪算》（第2版）与读者见面。我们在内容上做了三个方面的调整：

一、精减不符合时代背景的内容，保留原书的精华。

二、增加估算部分，使其更贴近生活。

三、充实算理内容，与算法深度融合。

整体而言，再版对内容进行了适当的增减，对各章节进行了提炼，使计算与图形更加紧密结合，以体现计算在数学不同领域中的作用。我们追求在推理中得出计算方法，在计算中加强逻辑推理能力，与读者一起充分享受计算的乐趣。

编著者

2021年3月

目　录

正式开始前的准备

在两个数的简便计算中，常常要用到补数。

"两数相加，恰好凑成十、百、千、万的，就叫一个数是另一个数的'补数'。"（见中国科学院院士、教授刘后一《算得快》）

例如：$1+9=10$，以 10 为标准数，1 的补数是 9，9 的补数是 1；$3+97=100$，3 的补数是 97，97 的补数是 3。

"补数是一个数为成为某个标准数所需要加的数，一个数的补数有 2 个。"（见高桥清一《有趣的印度数学》）

例如：以 20 为标准数，1 比 20 少 19，19 是 1 的补数；17 比 20 少 3，3 是 17 的补数。

综上所述，我们可以**把两个数的和看成标准数，对于标准数而言，一个加数是另一个加数的补数。**

例如：以 1000 为标准数，975 的补数是 25（$1000-975=25$），899 的补数是 101（$1000-899=101$）。

对求补数的熟练程度要做到：眼看到某数，心中便立刻知道其补数，即眼看题目，口出得数。

计算中运用最多的是个位数的补数，10 减个位数的差就是个位数的补数。

例如：236 的个位的补数是 4（$10-6=4$），1892 的个位的补数是 8（$10-2=8$）。

以 100、500、1000、2000…为标准数，怎样快速求出它们的补数呢？我们将在第一章第二节"特殊数相减"中讲述。

家庭生活中的闪算

新宇一家人住在北京。新宇上小学6年级，喜欢数学，特别是喜欢速算。爸爸是中关村某IT公司的工程师，业余时间喜欢做投资理财。妈妈是中学语文老师，除了喜爱文学外，更是一个勤俭持家的能手。家庭和谐民主，三个人经常对遇到的问题进行讨论。接下来，让我们一起来看看新宇一家和数学的故事吧！

第一章　加减法

- 常用的加减闪算方法
- 特殊数相减

在加减简便计算中，我们重点介绍"凑整""凑尾"和"倒减"三种速算方法。

第一节　常用的加减闪算方法

你是喜欢一个数与 998 相加减，还是喜欢一个数与 1000 相加减？

加减 1000 当然比加减 998 容易。因此，要提高运算速度，减少计算错误，就要化繁为简，其方法主要有两个：一是想办法化零为整，将较大数的加减转化成较小数的加减；二是在"进位加"和"退位减"上想办法。

一　凑整法

"凑整"，就是把要进行计算的数凑成整十、整百、整千、整万等数，然后再计算。

1. 加法

根据加法中"一个加数加上（或减去）一个数，另一个加数减去（或加上）同样的数，和不变"的规律，整理加法凑整计算方法如下：

（1）把一个加数加上（或减去）一个数凑整，另一个加数相应地减去（或加上）同一个数。

（2）先把接近整十、整百、整千……的加数直接转化成整十、整百、整千……的数，加上（或减去）一个数，再进行计算。

例1. 计算 $19+35$

方法一：$19+35$

$\quad = (19+1)+(35-1)$

$\quad = 20+34$

$\quad = 54$

> 前一个加数多加了1,后一个加数再减1,即"多加了的要相应地减去"。

方法二：$19+35$

$\quad = (20-1)+35$

$\quad = 20+35-1$

$\quad = 55-1$

$\quad = 54$

> 把19变成20-1,然后调整计算顺序再计算结果。

方法三：$19+35$

$\quad = 19+1+34$

$\quad = 20+34$

$\quad = 54$

> 从35中拿出1,和19凑成20。

例2. 计算 $536+208$

$\quad 536+208$

$\quad = 536+200+8$

> 少加了,再加上。

$= 736 + 8$

$= 744$

例3. 计算 $45.8 + 19.4$

$45.8 + 19.4$

$= 45.8 + (20 - 0.6)$

把 19.4 看成 $20 - 0.6$，计算比较简单。

$= 45.8 + 20 - 0.6$

$= 65.8 - 0.6$

$= 65.2$

例4. 计算 $\dfrac{3}{4} + \dfrac{5}{8}$

$\dfrac{3}{4} + \dfrac{5}{8}$

$= \dfrac{3}{4} + \dfrac{2}{8} + \dfrac{3}{8}$

把 $\dfrac{5}{8}$ 分成 $\dfrac{3}{8}$ 和 $\dfrac{2}{8}$，$\dfrac{2}{8} = \dfrac{1}{4}$，$\dfrac{1}{4}$ 和 $\dfrac{3}{4}$ 凑成 1。

$= \dfrac{3}{4} + \dfrac{1}{4} + \dfrac{3}{8}$

$= 1 + \dfrac{3}{8}$

$= 1\dfrac{3}{8}$

2. 减法

根据减法中"被减数和减数都增加（或减少）同一个数，差不变"的规律，整理减法凑整计算方法：

（1）减数和被减数同时加上（或减去）一个数，使减数凑整。

（2）先把减数直接转化成要凑整的数，加上（或减去）一个数，再进行计算。

例1. 计算 62 − 48

方法一：　62 − 48

= (62 + 2) − (48 + 2)

> 被减数和减数同时加上 2 后，再相减，计算结果不变。

= 64 − 50

= 14

方法二：　62 − 48

= 62 − (50 − 2)

> 把 48 变成 50 − 2，去括号再进行计算。

= 62 − 50 + 2

= 12 + 2

= 14

例2. 计算 387 − 209

387 − 209

= 387 − (200 + 9)

> 把 209 变成 200 + 9，去括号后进行计算。

= 387 − 200 − 9

= 187 − 9

= 178

例3. 计算 12345 − 9876

方法一：　12345 − 9876

= 12345 − (10000 − 124)

> 9876 = 10000 − 124。

= 12345 − 10000 + 124

= 2345 + 124

= 2469

方法二：$12345 - 9876$

$\quad = 10000 - 9876 + 2345$

从 12345 中先拿出 10000 减去 9876，然后再加上余下的数 2345。

$\quad = 124 + 2345$

$\quad = 2469$

例 4. 计算 $77.39 - 23.96$

$\quad 77.39 - 23.96$

$= 77.39 - (24 - 0.04)$

把 23.96 变成 24 - 0.04，去括号再进行计算。

$= 77.39 - 24 + 0.04$

$= 53.39 + 0.04$

$= 53.43$

例 5. 计算 $\dfrac{5}{6} - \dfrac{1}{2}$

$\quad \dfrac{5}{6} - \dfrac{1}{2}$

$= \dfrac{3}{6} + \dfrac{2}{6} - \dfrac{1}{2}$

把 $\dfrac{5}{6}$ 分成 $\dfrac{3}{6}$ 和 $\dfrac{2}{6}$，$\dfrac{3}{6} = \dfrac{1}{2}$，$\dfrac{1}{2} - \dfrac{1}{2} = 0$。

$= \dfrac{1}{2} + \dfrac{1}{3} - \dfrac{1}{2}$

$= \dfrac{1}{2} - \dfrac{1}{2} + \dfrac{1}{3}$

$= 0 + \dfrac{1}{3}$

$= \dfrac{1}{3}$

📚 小　结

凑整法将一个加数或减数"化零为整",减少进位或退位带来的麻烦和错误,使计算变得简单、顺畅。需要注意的是,计算过程中要保持每一步相等,即:多加了要再减去,少加了要再加上;多减了要再加上,少减了要再减去。这种思想同样适用于小数、分数的加减计算。

新宇一家都喜欢爬山,特别是爸爸。大家商定给爸爸买一件冲锋衣和一双登山鞋。爸爸看中了两件冲锋衣:一件的价格是889元,另一件的价格是795元,看中的登山鞋的价格是651元。妈妈说:"也就相差94元,889元的这件更好看,就买这件。"爸爸说:"那就得花1540元"。妈妈、爸爸分别是怎样快速计算的?

(1) 两件冲锋衣相差的钱数:

$$889 - 795$$
$$= 889 - (800 - 5)$$

凑整。

$$= 889 - 800 + 5$$
$$= 94 \text{（元）}$$

（2）889 元的冲锋衣和登山鞋的总钱数：

$$889 + 651$$
$$= (900 - 11) + 651$$

凑整。

$$= 900 + 651 - 11$$
$$= 1551 - 11$$
$$= 1540 （元）$$

独立思考练习题一 （答案见 158 页）

运用凑整法计算下列各题。

（1）$54 + 18$ （2）$796 + 615$ （3）$9999 + 999$

（4）$112 - 89$ （5）$731 - 485$ （6）$3856 - 587$

（7）$3.75 + 6.3$ （8）$\dfrac{1}{3} + \dfrac{8}{9}$ （9）$\dfrac{5}{6} + \dfrac{7}{12}$

二 凑尾法

凑尾法，加法是使两个数相加能得整十、整百、整千……的数，减法是使两个数的尾数相等。

1. 加法

计算方法：先把一个加数分解成两个数，使其中一个数能和另一个加数凑成整十、整百、整千……的数，然后再计算。

例1. 计算 $676 + 25$

方法一：$676 + 25$
$$= 676 + (24 + 1)$$
$$= 676 + 24 + 1$$

$$= 700 + 1$$
$$= 701$$

方法二： $676 + 25$

$$= (675 + 1) + 25$$
$$= 675 + 25 + 1$$
$$= 700 + 1$$
$$= 701$$

例2. 计算 $74.56 + 3.87$

$$74.56 + 3.87$$
$$= 74.56 + (3.44 + 0.43)$$
$$= 74.56 + 3.44 + 0.43$$
$$= 78 + 0.43$$
$$= 78.43$$

2. 减法

计算方法：把减数分成两个数，使其中一个数和被减数的尾数相同，然后再计算。

例1. 计算 （1） $954 - 257$ 　　（2） $954 - 249$

（1） $954 - 257$

$$= 954 - (254 + 3)$$
$$= 954 - 254 - 3$$
$$= 700 - 3$$
$$= 697$$

（2） $954 - 249$

$$= 954 - (254 - 5)$$
$$= 954 - 254 + 5$$
$$= 700 + 5$$
$$= 705$$

例2. 计算 12.5 - 2.75

$$12.5 - 2.75$$
$$= 12.5 - 2.5 - 0.25$$

> 把 2.75 转换成 2.5 + 0.25 的和, 再依次减去 2.5 与 0.25。

$$= 10 - 0.25$$
$$= 9.75$$

小 结

凑尾法应用于加法计算, 就是凑出整十、整百、整千……的数; 应用于减法就是凑成相同的尾数, 以便相减得零, 从而降低计算难度。计算的关键是保持每一步相等。

思考: 31240 - 31217 怎样计算?

锦囊妙算: 31240 - 31217

$$= 40 - 17$$
$$= 23$$

> 前几位上的数相同, 直接减去, 其余的数相减。

"3.15" 消费日那天, 爸爸、妈妈网购了一个电饭煲和一台 54 英寸液晶电视, 分别花了 634 元和 5368 元。货送到家后, 爸爸一边开箱装电视一边问新宇: "咱家这次买电器总共花了多少钱呀?"

新宇笑着说: "这还不容易, 凑个尾, 632 加 368 不正好是 1000 嘛, 所以总共花了 6002 元。" 爸爸竖起了大拇指, 笑道: "真棒!"

$634 + 5368$

$= (632 + 2) + 5368$

$= 632 + 5368 + 2$

$= 6002$ （元）

独立思考练习题二　　（答案见158页）

运用凑尾法计算下列各题。

(1) $44 + 38$　　　(2) $63 + 189$　　　(3) $7985 + 28$

(4) $864 - 257$　　(5) $38.7 - 20.9$　　(6) $754350 - 754323$

三　倒减法

按照常规的计算方法，被减数、减数是不能倒着计算的。但我们换个角度看问题，就会有新的发现。

例如：计算 $12 - 9$

可以这样算：$9 - 2 = 7$

$\qquad\qquad 10 - 7 = 3$

为什么能这样计算呢？道理如下：

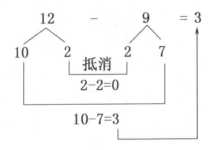

即先抵消，再减剩余的数。写成算式：

$$12 - 9$$
$$= 10 - (9 - 2)$$
$$= 10 - 7$$
$$= 3$$

在减法计算中，常常遇到退位减的问题，可以采用高位够减直接减，哪位不够减就开始倒减的方法，即先抵消，再减剩余数。我们称其为倒减法。

例1. 计算 43 – 17

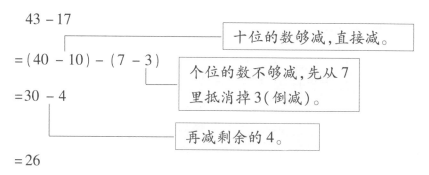

$$43 - 17$$
$$= (40 - 10) - (7 - 3)$$
$$= 30 - 4$$
$$= 26$$

十位的数够减，直接减。

个位的数不够减，先从7里抵消掉3(倒减)。

再减剩余的4。

例2. 计算 532 – 387

$$532 - 387$$
$$= (500 - 300) - (87 - 32)$$
$$= 200 - 55$$
$$= 145$$

例3. 计算 5030 – 84

$$5030 - 84$$
$$= 5000 - (84 - 30)$$
$$= 5000 - 54$$
$$= 4946$$

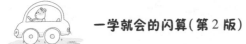

小 结

> 倒减法是把需退位的减法分成两步：高位够减，直接减；低位不够减，倒着减。倒减法的好处是不用退位减。

比特币是近年来各类市场关注的加密数字货币，价格大幅上涨的同时，存在剧烈的价格波动。爸爸很感兴趣，这些天一直在关注相关信息。开始每比特币是 2.89 万美元，随后涨到每比特币 5.65 万美元，不久每比特币又降到 4.59 万美元。问涨到高位时能赚多少？降到低位时与涨到高位时相比差多少钱？

$$5.65 - 2.89$$
$$= 3 - (0.89 - 0.65)$$ ← 倒减。
$$= 3 - 0.24$$
$$= 2.76（万美元）$$

$$5.65 - 4.59$$ 凑整。 / 凑尾。

$$= 5.65 - (4.60 - 0.01) \quad 或 \quad 5.65 - (4.65 - 0.06)$$
$$= 5.65 - 4.6 + 0.01 \qquad\qquad = 5.65 - 4.65 + 0.06$$
$$= 1.05 + 0.01 \qquad\qquad\qquad = 1.06（万美元）$$
$$= 1.06（万美元）$$

独立思考练习题三 （答案见 158 页）

运用倒减法计算下列各题。

(1) 51 − 24　　　(2) 923 − 369　　　(3) 3720 − 168

 第二节　特殊数相减

一　被减数是 10，100，1000，10000···

请观察一下，下列各题计算正确吗？

$$\begin{array}{r} 46 \\ +54 \\ \hline 100 \end{array}, \quad \begin{array}{r} 238 \\ +762 \\ \hline 1000 \end{array}, \quad \begin{array}{r} 8927 \\ +1073 \\ \hline 10000 \end{array}$$

无疑，这些题目的计算都是正确的。

从以上竖式运算中可以看出：两个数的个位数相加等于 10，其他各位的数相加都等于 9，具有这样特点的两个数的和一定是 10，100，1000，10000···减法是加法的逆运算。又因为 10 = 9 + 1，100 = 99 + 1，1000 = 999 + 1······所以可以得出，**被减数是 10、100、1000、10000···的数减一个数的计算方法是：（1）先用 9 减去减数非个位的数，最后个位的数用 10 减；（2）先用 9 减去减数的每一位上的数，最后再加上 1。**

例 1. 计算 100 − 54

方法一：十位　9 − 5 = 4，个位　10 − 4 = 6，差 46。

方法二：十位　9 − 5 = 4，个位　9 − 4 = 5，再把 45 + 1 = 46。

100 − 54 = 46

例2. 计算 $1000 - 329$

方法一：百位　$9 - 3 = 6$，十位　$9 - 2 = 7$，个位　$10 - 9 = 1$，差671。

方法二：百位　$9 - 3 = 6$，十位　$9 - 2 = 7$，个位　$9 - 9 = 0$，再把 $670 + 1 = 671$。

$1000 - 329 = 671$

例3. 计算 $20000 - 8274$

拿出 1 个万减减数。

这样算：万位　$2 - 1 = 1$，千位　$9 - 8 = 1$，百位　$9 - 2 = 7$，十位　$9 - 7 = 2$，个位　$10 - 4 = 6$。个位另一算法：$9 - 4 = 5$，再用 $11725 + 1 = 11726$。

$20000 - 8274 = 11726$

本书一开始就提出：求补数，要做到"眼看题目，口出得数"。闪算中用到的补数一般是以整十数、整百数、整千数……做被减数计算出的。如两数的和是50，47 的补数为：$50 - 47 = 3$。标准数是100，84 的补数为 $100 - 84 = 16$。

现在我们已熟练掌握了被减数是 10，100，1000，10000…的减法运算方法，再回头看加减法中的"凑整法"，当然就会感到很容易了。如：

题1. 计算 $4674 + 1857$

$\quad 4674 + 1857$

$= 4674 + 2000 - 143$

$= 6674 - 143$

$= 6531$

题2. 计算 $1634 - 787$

$\quad 1634 - 787$

$= 1634 - 800 + 13$

$= 834 + 13$

$= 847$

这是比较难的加减计算了，我们不用竖式计算却很轻松地口算出来了，可见用好方法就能使计算变得简单。

小 结

熟练计算被减数是 10，100，1000，10000，… 的减法，就能"一眼看出"和是整十、整百、整千、整万……数的一个数的补数。

最近遇到促销，妈妈下决心买了一台心仪已久的 iPad mini，折后价格是 1958 元。在结账时，妈妈拿出 2000 元现金，心想：应找回 42 元。

$$2000 - 1958 = 42（元）$$

要找回多少钱，是我们到商店买东西时经常会遇到的问题。

独立思考练习题四　　（答案见 159 页）

1. 填表。

（1）被减数是 100。

减数	76	35	1	8	11	38	7	57	66	13
差										

（2）被减数是1000。

减数	76	35	104	8	11	384	718	57	66	999
差										

（3）被减数是10000。

减数	76	35	1	8	111	384	7183	579	66	9888
差										

2. 计算下列各题。

（1）$674 - 381$　　　　（2）$364 + 268$　　　　（3）$1321 - 427$

3. 请你分别给自己出 2 道和是 100、1000 的题目，并算一算。

二　颠倒数相减

94 的颠倒数是 49，723 的颠倒数是 327，$\overline{ab}$ 的颠倒数是 $\overline{ba}$，$\overline{abc}$ 的颠倒数是 $\overline{cba}$。

1. 两位数的颠倒数相减

我们从下题中探讨两位数的颠倒数相减的计算方法：

$63 - 36$

$= 60 + 3 - (30 + 6)$

$= 60 - 6 - (30 - 3)$

$= (6 \times 10 - 6) - (3 \times 10 - 3)$

$= 6 \times (10 - 1) - 3 \times (10 - 1)$

$= 6 \times 9 - 3 \times 9$

$= \underline{(6 - 3) \times 9}$

　　　　↓

　　（头 － 头）× 9

$= 27$

注意：这里我们把两位数首位上的数称作"头"。

也可以通过下列算式推导：

$$\overline{ab} - \overline{bc}$$

$$= 10a + b - (10b + a)$$

$$= (10a - a) - (10b - b)$$

$$= 9a - 9b$$

$$= 9(a - b)$$

由此得出：

两位数的颠倒数相减的计算方法：（头－头）×9。

注意： 这里的（头－头）是指被减数的十位上的数和减数十位
上的数。

例 1. 计算 72 － 27

$$72 - 27$$

$$= (7 - 2) \times 9$$

$$= 45$$

例 2. 计算 $\begin{cases} 51 - 15 \\ 62 - 26 \\ 95 - 59 \end{cases}$

这样想：51、62、95 与各自颠倒数头减头的差都是 4，所以这
三个等式的差相等：4 × 9 = 36。

$$\left. \begin{matrix} 51 - 15 \\ 62 - 26 \\ 95 - 59 \end{matrix} \right\} = 4 \times 9 = 36$$

2. 三位数的颠倒数相减

我们从下题中探讨三位数的颠倒数相减的计算方法：

$$542 - 245$$

$$= 500 - 200 + (40 - 40) - (5 - 2)$$

$$= (5 - 2) \times 100 - (5 - 2) \qquad \boxed{\text{不够减，倒减。}}$$

$$= (5 - 2) \times (100 - 1)$$

$$= (5-2) \times 99$$

$$（头 - 头）\times 99$$

$$= 297$$

注意：这里我们把三位数首位上的数称作"头"。

也可以通过下列公式推导：

$$\overline{abc} - \overline{cba}$$

$$= 100a + 10b + c - (100c + 10b + a)$$

$$= 99a - 99c$$

$$= 99(a-c)$$

由此得出：

三位数的颠倒数相减的计算方法：（头 - 头）×99。

注意：这里的（头 - 头）是指被减数和减数百位上的数。

例 1. 计算 874 - 478

$$874 - 478$$

$$= (8-4) \times 99$$

$$= 4 \times 99$$

$$= 396$$

注意：一位数乘 99 的方法：在一位数乘 9 的积中间插个 9，4 × 9 = 36，36 中间插个 9 得 396（具体计算方法见第二章第一节中的"乘 9 或 9 的重复数"）。

例 2. 百位和个位是 9 和 2 的三位数的颠倒数相减，差是多少？写出算式。

解答：百位和个位是 9 和 2 的三位数的颠倒数相减，差是（9 - 2）×99 = 693。十位可以是 0~9，因此共有 10 个算式：

902 - 209，912 - 219，922 - 229，932 - 239，942 - 249，952 - 259，962 - 269，972 - 279，982 - 289，992 - 299

温馨提示：要有序、全面思考，才能不遗漏。

星期日新宇一家三口常去郊区爬山。上周最高爬到了567米处，本周最高点是765米。下山的时候，爸爸说今天有点累，问新宇："咱们比上次多爬了多少米呢？"

新宇乐了，说："567和765巧了，正好是颠倒数，所以这次多爬了198米。"

$$765 - 567 = (7-5) \times 99 = 198（米）$$

一个星期六的上午，新宇看一本趣味数学书，不时动笔算算，一会儿皱皱眉，一会儿又乐了，十分投入。

下午，妈妈整理完家务，捧起一本书开始阅读。新宇笑嘻嘻地走过来，说："妈妈，考您一道题呗。"接着，又调皮地补充道："答对了有奖哦。""好啊！你说吧。"妈妈放下书。

新宇说："您心里想一个数。提示一下：这个数简单一点儿，好计算哦。"新宇略停顿后说："先用2乘这个数，再加上20，再用2除所得数，最后再减原数。结果是多少？"

妈妈说："等一下，我拿纸和笔。我把那个数想成'x'，可以吧？"妈妈拿来纸和笔，笑着说："请'老师'再说一遍题目。"新宇边说，妈妈边写：

（1）$2x$

（2）$2x + 20$

（3）$(2x + 20) \div 2 = x + 10$

（4）$x + 10 - x = 10$

看见妈妈得出10，新宇高兴得学着妈妈平时表扬自己的样子，边说"鼓励一下"，边搂着妈妈亲。接着说："妈妈听题。第一步，请写出一个三位数，要求是百位上的数大于十位上的数，十位上的数大于个位上的数。"妈妈写了：321。

"第二步，减去这个数的颠倒数。第三步，将所得数再加它的颠倒数。"

妈妈边听边写出下列算式：

$$\begin{array}{r} 321 \\ -123 \\ \hline 198 \\ +891 \\ \hline 1089 \end{array}$$

妈妈说："得 1089，又怎么样呢？""呵！您可别小看'1089'，它可是流传了几个世纪的魔法数字。任何的各位数从大到小排列的三位数经过这三步计算都得 1089。"

妈妈又按要求写了两个数 754、942，也这样计算，计算结果果然也都是 1089。

"关键是要知道为什么，听我慢慢道来。"新宇拿"评书腔"说："假定这个三位数是 $\overline{abc}$，减去它的颠倒数，差就是 $99 \times (a-c)$。$99 \times (a-c)$ 只可能是 198、297、396、495、594、693、792、891 中的数。而这几个数分别加自己的颠倒数，和都是 1089。"

妈妈高兴地说："新宇，你可是个大学问家啦！"

独立思考练习题五　（答案见159页）

1. 计算下列各题。
(1) 91 - 19　　　(2) 721 - 127　　　(3) 10000 - 375
2. 请写出两位数的颠倒数相减的差是18的算式。
3. 三位数的颠倒数相减的差是99的算式有多少个？

第二章 乘除法

- 一些整数在乘除法中的闪算
- 以某数为标准数进行闪算
- 运用乘法定律进行闪算
- "交叉相乘"
- "神奇速算"
- 两乘数间有特殊关系的闪算
- 计算与推理
- 估算

在乘法计算中，会遇到很多麻烦，例如，多次进位、每层积书写的位置不同、将不完全积相加等，很容易出现错误，而且计算显得十分枯燥。在这节中，我们介绍一些快速计算乘法、除法的小妙招，帮助大家解决计算中的问题，从而增加计算的兴趣，提高计算能力。

第一节　一些整数在乘除法中的闪算

掌握一些整数的运算规律，简化计算。

一　一些整数在乘除法中的闪算

1. "×5"与"÷5"

（1）一个数（0除外）乘5的计算方法：这个数 $\times 10 \div 2$ ，俗称"添0折半"。

因为任何不等于0的数除以2，商不是整数，就是整数商余1，余数1添0再继续除商为5，这个5是0.5，$0.5 \times 10 = 5$。当我们隐去乘10时，一个数（0除外）乘5的简捷计算方法是：这个数 $\div 2$，如果能整除，就在商的后面添0，如果不能整除，就在商的后面添5。

例1. 计算 68×5

一般方法：$68 \div 2 \times 10$（因为68是偶数，能被2整除，所以先除以2再乘10）。

简捷方法：直接口算 $68 \div 2 = 34$，在34的后面接着写1个0。

方法一：　68×5

$= 68 \div 2 \times 10$

$= 34 \times 10$

$= 340$

方法二：　$68 \times 5 = 340$

课题:乘5的闪算

例 2. 计算 8747×5

一般方法：$8747 \times 10 \div 2$。

简捷方法：直接口算 $8747 \div 2 = 4373 \cdots\cdots 1$，在 4373 的后面接着写 5。

方法一： 8747×5

$= 8747 \times 10 \div 2$

$= 87470 \div 2$

$= 43735$

方法二： $8747 \times 5 = 43735$

例 3. 计算 47×50

47×50 只比 47×5 的积后面多 1 个 0。

一般方法：$47 \times 100 \div 2$。

简捷方法：$47 \div 2 = 23 \cdots\cdots 1$，在 23 后面接着写 5 再添 0。

方法一： 47×50

$= 47 \times 100 \div 2$

$= 4700 \div 2$

$= 2350$

方法二： $47 \times 50 = 2350$

（2）一个数（0 除外）除以 5 的计算方法：这个数 $\times 2 \div 10$（如果这个数能被 10 整除，就先除以 10，再乘 2）。

例 1. 计算 $735 \div 5$

$735 \div 5$

$= 735 \times 2 \div 10$

$= 1470 \div 10$

$= 147$

例2. 计算 $620 \div 5$

$$620 \div 5$$
$$= 620 \div 10 \times 2$$
$$= 62 \times 2$$
$$= 124$$

2. "×25"与"÷25"

（1）一个数（0 除外）乘 25 的计算方法：这个数 $\times 100 \div 4$（如果这个数能被 4 整除，就先除以 4 再乘 100）。

因为任何不等于 0 的整数除以 4，计算结果可能出现余数。当出现余数时，余数是 1，添 0 再继续除，商为 25，这个 25 是 0.25，$0.25 \times 100 = 25$；余数是 2，添 0 再继续除，商为 50，这个 50 是 0.5，$0.5 \times 100 = 50$；余数是 3，添 0 再继续除，商为 75，这个 75 是 0.75，$0.75 \times 100 = 75$。当我们隐去乘 100 时，**一个数（0 除外）乘 25 的简捷计算方法：这个数 $\div 4$，如果能整除，就在商的后面添 2 个 0，如果不能整除，就在整数商的后面添余数乘 25 的积。**

例1. 计算 164×25

一般方法：$164 \div 4 \times 100$（因为 164 能被 4 整除，所以先除以 4 再乘 100）。

简捷方法：直接口算 $164 \div 4 = 41$，在 41 的后面接着写 2 个 0。

方法一： 164×25

$$= 164 \div 4 \times 100$$
$$= 41 \times 100$$
$$= 4100$$

课题:乘25的闪算

方法二： $164 \times 25 = 4100$

例2. 计算 537×25

一般方法：$537 \times 100 \div 4$。

简捷方法：直接口算 $537 \div 4 = 134 \cdots\cdots 1$，在 134 的后面接着写

1×25 的积 25。

方法一：537×25

$= 537 \times 100 \div 4$

$= 53700 \div 4$

$= 13425$

方法二：$537 \times 25 = 13425$

（2）一个数（0 除外）除以 25 的简捷计算方法：这个数 $\div 100 \times 4$。

例1. 计算 $3200 \div 25$

$3200 \div 25$

$= 3200 \div 100 \times 4$

$= 32 \times 4$

$= 128$

3. "$\times 125$" 与 "$\div 125$"

（1）一个整数（0 除外）乘 125 的计算方法：这个数 $\times 1000 \div 8$（如果这个数能被 8 整除，就先除以 8 再乘 1000）。

因为任何不等于 0 的整数除以 8，商可能会出现余数。当出现余数时，余数是 1，添 0 再继续除，商为 125，这个 125 是 0.125，$0.125 \times 1000 = 125$；余数是 2，添 0 再继续除，商为 250，这个 250 是 0.25，$0.25 \times 1000 = 250$；余数是 3，添 0 再继续除，商为 375，这个 375 是 0.375，$0.375 \times 1000 = 375 \cdots \cdots$ 余数是 7，添 0 再继续除，商为 875，这个 875 是 0.875，$0.875 \times 1000 = 875$。当我们隐去乘 1000 时，**一个数（0 除外）乘 125 的简捷计算方法：这个数 $\div 8$，如果能整除，就在商的后面添 3 个 0，如果不能整除，就在整数商的后面添余数乘 125 的积。**

例1. 计算 176×125

一般方法：$176 \div 8 \times 1000$（因为 176 能被 8 整除，所以先除以 8 再乘以 1000）。

简捷方法：直接口算 $176 \div 8 = 22$，在 22 的后面接着写 3 个 0。

方法一：176×125

$$= 176 \div 8 \times 1000$$

$$= 22 \times 1000$$

$$= 22000$$

课题：乘 125 的闪算

方法二：$176 \times 125 = 22000$

例 2. 计算 247×125

一般方法：$247 \times 1000 \div 8$。

简捷方法：直接口算 $247 \div 8 = 30 \cdots\cdots 7$，在 30 的后面接着写 7×125 的积 875。

方法一：247×125

$$= 247 \times 1000 \div 8$$

$$= 247000 \div 8$$

$$= 30875$$

方法二：$247 \times 125 = 30875$

（2）一个整数（0 除外）除以 125 的计算方法：这个数 $\div 1000 \times 8$。

例 1. 计算 $171000 \div 125$

$$171000 \div 125$$

$$= 171000 \div 1000 \times 8$$

$$= 171 \times 8$$

$$= 1368$$

4. "×11"

一个整数（0 除外）乘 11 的计算方法：两边一拉，中间相加，满十进一。

这种算法可以从下面的竖式推导得出：

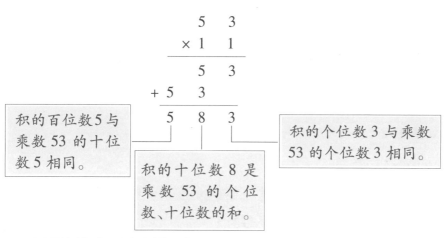

```
        5   3
    ×   1   1
    ─────────
        5   3
  + 5   3
  ───────────
    5   8   3
```

积的百位数 5 与乘数 53 的十位数 5 相同。

积的十位数 8 是乘数 53 的个位数、十位数的和。

积的个位数 3 与乘数 53 的个位数 3 相同。

上面的算式可以这样理解：

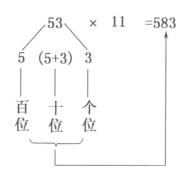

由此可见，53 × 11 就是在 53 的中间插（5 + 3）的和 8，则积是 583。

例 1. 计算 56 × 11

这样想：56 两边一拉，百位上的数是 5，个位上的数是 6；中间相加，十位上的数是 5 + 6 = 11，满十向百位进一，则百位上的数是 6，十位上的数是 1。

56 × 11 = 616

例 2. 计算 514 × 11

这样想： 5 1 4×11=5654
        6 5

$514 \times 11 = 5654$

例3. 计算 467×11

这样想：
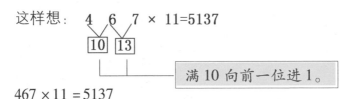

$467 \times 11 = 5137$

拓展一 "两位数乘111"的计算方法：两边一拉，中间的数依次两两相加，满十向前一位进一。

推导方法与一个数"×11"相同。例如：56×111

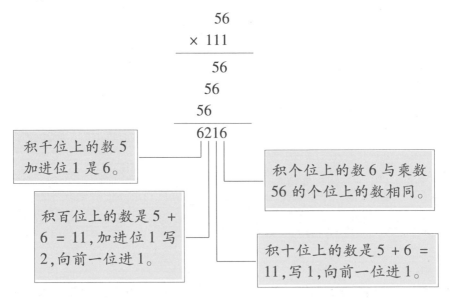

$56 \times 111 = 6216$

例1. $32 \times 111 = 3552$

例2. $78 \times 111 = 8658$

拓展二 一个能被11整除的三位数÷11的计算方法。

除法是乘法的逆运算。下图中，$53 \times 11 = 583$，$583 \div 11 = 53$。乘法的积583就是除法中的被除数，乘数53是除法的商。

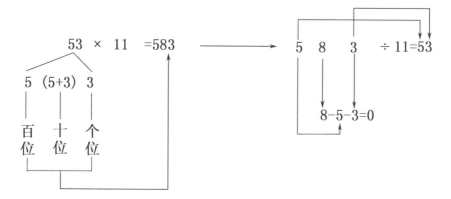

观察上图左边，53×11，乘数 53 往两边一拉，中间相加，积是 583。

观察上图右边，被除数 583 十位上的 8 减 5 减 3 得 0，商是 53。

再看下图：

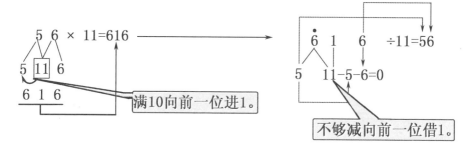

满10向前一位进1。

不够减向前一位借1。

观察上图的右边，$616 \div 11 = 56$，除法是乘法的逆运算，结果当然是正确的。其过程是：616 十位上的数 $1 - 6$ 不够减，向百位上的数借 1，则百位为 $6 - 1 = 5$；十位上的数 $1 + 10 = 11$，$11 - 5 - 6 = 0$；个位上的数为 6，所以，商是 56。

例 1. 计算 $473 \div 11$

这样想：473 十位上的数 7 等于百位上的数 4 加个位上的数 3，商就是 43。也就是说，一看到 $7 = 4 + 3$，就能确定商是 43。

$473 \div 11 = 43$

一学就会的闪算(第2版)

例2. 计算 858 ÷ 11

这样想：858 十位上的数 5 不够减 8，向百位借 1，8 - 1 = 7，5 + 10 - 7 - 8（个位上的 8）= 0，所以，商的十位上的数是 7，个位上的数是 8，即商是 78。

858 ÷ 11 = 78

注意：借助一个数乘 11 的方法，反推一个数除以 11，能快捷地得到答案。

有兴趣的同学，可以继续推导，一个整数（0 除外）除以 11 的简捷计算方法：商是将被除数的最高位上的数（第一个数字）置于被除数的第二个数字下面并相减，再将减得的数置于被除数的第三个数字下面并相减（如果哪一位不够减，就把这个数去掉 1，被除数这位加 10 再减），直到个位。结果为 0，说明这个数能整除，否则多的数是余数。

例如：计算 3918 ÷ 11

3918

356……2

（商）（余数）

> 算法:把被除数最高位上的 3 置于百位数 9 的下面;9 减 3 等于 6,6 要写在十位数 1 的下面,但 1 不够 6 减,6 减去 1 写成 5;十位上的 1 加 10 等于 11,用 11 减 5 等于 6,把 6 置于个位数 8 的下面,相减得 2。所以商是 356 余 2。

3918 ÷ 11 = 356……2

🗂 小　结

> 以上介绍了一些整数在乘除法中的简便计算方法，运算时要注重分析，综合灵活运用。

新宇家所在的小区每个车位的月租金是110元，妈妈到物业管理处交钱，顺手在本子上记下了今年全年的车位费。邻居李叔叔因有特殊情况，预交了3960元，李叔叔交了多少个月的车位费？

（1）新宇家全年车位费：

$$110 \times 12 = 1320（元）$$

（2）李叔叔交了多少个月的车位费？

$$3960 \div 110$$

$$= 396 \div 11$$

> 被除数十位上的数等于百位、个位上的数之和，商就是百位、个位数的连写。

$$= 36（个月）$$

独立思考练习题六　　（答案见159页）

1. 计算下列各题。

（1）846×5　　　　（2）769×5　　　　（3）$760 \div 5$

（4）326×50　　　（5）131×25　　　（6）354×125

（7）$75000 \div 125$　　（8）53×11　　　（9）$682 \div 11$

2. 计算37乘3的1倍至9倍的积，并记住 37×3 的积。

二 乘9或9的重复数

9或9的重复数就是9，99，999，9999…

一个不等于0的整数乘9或9的重复数，我们分为以下三种情况研究其闪算方法。

1. 这个数与9的重复数的位数同样多

例如：26×99，476×999，8542×9999。

计算方法：去1添补。

例如：计算78×99

这样算：$78 - 1 = 77$，78的补数是22（$100 - 78 = 22$），两个数连着写就是算式的积。

$78 \times 99 = 7722$。

能这样闪算是因为：

78×99

$= 78 \times (100 - 1)$

$= 7800 - 78$

$= 7800 - 100 + 100 - 78$

> 加上100又减去100，计算结果不变。100是根据$99 + 1$得出的。

$= (7800 - 100) + (100 - 78)$

> 把前两项和后两项分别结合计算。

$= (78 - 1) \times 100 + (100 - 78)$

    去1   添补

$= 7722$

比99多1的数是100，以100为标准数取补数。因为78和99

都是两位数，所以可以直接看作以 100 为标准数取 78 的补数。

例 1. 计算 46×99

这样算：$46 - 1 = 45$，$100 - 46 = 54$，积为 4554。

$$46 \times 99 = 4554$$

例 2. 计算 534×999

这样算：$534 - 1 = 533$，$1000 - 534 = 466$，积为 533466。

$$534 \times 999 = 533466$$

例 3. 计算 9999×8673

这样算：$8673 - 1 = 8672$，$10000 - 8673 = 1327$，积为 86721327。

$$9999 \times 8673 = 86721327$$

2. 这个数比 9 的重复数的位数少

例如：7×99，52×999，43×9999，684×9999。

计算方法：去 1 添补，中间插位数差个 9。

例如：计算 52×999

这样算：$52 - 1 = 51$，52 的补数是 48（$100 - 52 = 48$），999 比 52 多一位数（位数差是 1），在 51 和 48 之间插 1 个 9，52×999 $= 51948$。

能这样算是因为：

52×999

$= 52 \times (1000 - 1)$

$= 52000 - 52$

$= 52000 - 1000 + 1000 - 52$

> 加上 1000 又减去 1000，计算结果不变。1000 是根据 $999 + 1$ 得出的。

$= (52000 - 1000) + (1000 - 52)$

> 把前两项和后两项分别结合计算。

= (52 - 1) × 1000 + (1000 - 52)

= 51948 （去 1 添补）

比 999 多 1 的数是 1000，以 1000 为标准数，取 52 的补数是 1000 - 52 = 948。这说明，"这个数比 9 的重复数的位数少"与"这个数和 9 的重复数的位数同样多"相乘的计算方法相同，都是**"去 1 添补"**。但是如果本题直接看作以 100 为标准数，取 52 的补数是 48，52 比 999 少 1 位数，就在"去 1"后的数 51 和"补数"48 中间插 1 个 9，得 51948，这样算是不是更简捷呢？我们把这种简捷的算法称作**"去 1 添补，中间插位数差个 9"**。

例 1. 计算 29 × 999

这样算：29 - 1 = 28，100 - 29 = 71，29 比 999 少 1 位，积中间插 1 个 9，积为 28971。

29 × 999 = 28971

例 2. 计算 89 × 9999

这样算：89 - 1 = 88，100 - 89 = 11，89 比 9999 少 2 位数，积中间插 2 个 9，积为 889911。

89 × 9999 = 889911

例 3. 计算 9999 × 123

这样算：123 - 1 = 122，1000 - 123 = 877，123 比 9999 少 1 位数，积中间插 1 个 9，积为 1229877。

9999 × 123 = 1229877

一位数比 9 的重复数的位数少，当然可以按照这个方法计算，如 3 × 99：3 - 1 = 2，10 - 3 = 7，3 比 99 少 1 位数，在 2 和 7 中间插 1 个 9，积为 297。

一位数乘 9 的重复数的简捷计算方法：**这个数乘 9 的得数分别是乘积的最高位上的数和最低位上的数，乘 1 个 9 之后把剩余的 9 插中间。**

例 4. 计算 5×99

这样算：$5 \times 9 = 45$，乘去 1 个 9，还剩 1 个 9 插在 45 的中间，积为 495。

$5 \times 99 = 495$

例 5. 计算 6×999

$6 \times 999 = 5994$

例 6. 计算 9999×8

$9999 \times 8 = 79992$

3. 这个数的位数比 9 或 9 的重复数的位数多

例如：23×9，578×99，3461×99，4728×999。

23×9，23 是两位数，比 9 多一位数，我们把比 9 多一位数的高位数 2 称为"头"，把和 9 相同位数的个位数 3 称为"尾"；3461 $\times 99$，3461 是四位数，比 99 多两位数，我们把比 99 多两位数的高位数 34 称为"头"，把和 99 相同位数的十位和个位数 61 称为"尾"。

计算方法：去 1 去头添尾补。

例如：计算 578×99

这样算：$578 - 1 - 5$（头）$= 572$，$100 - 78 = 22$，两数连着写，积为 57222。

能这样闪算是因为：

578×99

$= 578 \times (100 - 1)$

$= 57800 - 578$

$= 57800 - 100 + 100 - 500 - 78$

> 加上 100 又减去 100，并且把减 578 分成先减 500，再减 78，计算结果不变。

$= (57800 - 100 - 500) + (100 - 78)$

> 重新组合算式。

$$= \underline{(578 - 1 - 5) \times 100} + \underline{(100 - 78)}$$

去1去头　　　　添尾补

$= 57222$

例1. 计算 38×9

这样算：$38 - 1 - 3 = 34$，$10 - 8 = 2$，两数连着写，积为342。

$38 \times 9 = 342$

例2. 计算 999×4687

这样算：$4687 - 1 - 4 = 4682$，$1000 - 687 = 313$，两数连着写，积为4682313。

$999 \times 4687 = 4682313$

例3. 计算 678×9

这样算：$678 - 1 - 67 = 610$，$10 - 8 = 2$，两数连着写，积为6102。

$678 \times 9 = 6102$

 ## 小　结

　　一个不等于0的整数乘9或9的重复数，首先要看这个数与9或9的重复数的位数。

　　这个数和9的重复数的位数同样多，计算方法：去1添补；

　　这个数比9的重复数的位数少，计算方法：去1添补，中间插位数差个9（一位数乘9的重复数，这个数乘9的得数分别是乘积的最高位上的数和最低位上的数，乘1个9之后把剩余的9插中间）；

　　这个数比9或9的重复数的位数多，计算方法：去1去头添尾补。

拓展一　两位数乘98，三位数乘998。

例如：78×98，891×998。

计算方法：**去2添补数的2倍**。

为什么能这样算？以 78×98 为例：

78×98

$=78 \times (100 - 2)$

$=7800 - 78 \times 2$

$=7800 - 200 + 200 - 78 \times 2$

$=(7800 - 200) + (100 - 78) \times 2$

$=\underline{(78 - 2) \times 100} + \underline{(100 - 78) \times 2}$

　　　　　↓　　　　　　　　　↓

　　　　去2　　　　　　添补数的2倍

$=7644$

同理可推出三位数乘998的计算方法。

两位数乘97，三位数乘997的计算方法：去3添补数的3倍。

例1. 计算 67×97

这样算：$67 - 3 = 64$，$(100 - 67) \times 3 = 99$，两数连着写，积为6499。

$67 \times 97 = 6499$

例2. 计算 891×998

这样算：$891 - 2 = 889$，$(1000 - 891) \times 2 = 218$，两数连着写，积为889218。

$891 \times 998 = 889218$

例3. 计算 786×997

这样算：$786 - 3 = 783$，$(1000 - 786) \times 3 = 642$，两数连着写，积为783642。

$786 \times 997 = 783642$

拓展二　　重复数乘9。

我们观察下面的算式，找到"重复数乘9和一位数乘重复数9的关系"：

$66 \times 9 = 6 \times 11 \times 9 = 6 \times (11 \times 9) = 6 \times 99 = 594$

$333 \times 9 = 3 \times 111 \times 9 = 3 \times (111 \times 9) = 3 \times 999 = 2997$

$7777 \times 9 = 7 \times 1111 \times 9 = 7 \times (1111 \times 9) = 7 \times 9999 = 69993$

……

由此得出：

重复数乘9的计算方法：单个重复数乘9的得数为积的首数和尾数，中间插入（重复数个数减1）个9。

例1. 计算 22×9

这样算：$2 \times 9 = 18$，22是两位重复数，$2 - 1 = 1$，18中间夹1个9，积是198。

$22 \times 9 = 198$

例2. 计算 444×9

这样算：$4 \times 9 = 36$，444是3位重复数，$3 - 1 = 2$，36中间夹2个9，积是3996。

$444 \times 9 = 3996$

拓展三　　首、尾数合在一起是9的倍数，中间是9（或9的重复数）的数除以9。

除法是乘法的逆运算，由拓展一推导出这类题目的**计算方法：**

首、尾连数除以9得重复数的数字，被除数中间9的个数加1是重复数的位数，商就是这个重复数。

例1. 计算 $297 \div 9$

这样算：297的首、尾数连在一起为27，$27 \div 9 = 3$，297的中间有1个9，$1 + 1 = 2$（个），所以商是33。

$$297 \div 9 = 33$$

验算一下：$33 \times 9 = 297$，计算正确哦！

例2. 计算 $5994 \div 9$

这样算：5994 的首、尾数连在一起为 54，$54 \div 9 = 6$，5994 的中间是 2 个 9，$2 + 1 = 3$（个），所以商是 666。

$$5994 \div 9 = 666$$

玩具商店出售玩具"小福马"，每个 9.99 元。妈妈特别喜欢，买了 16 个，准备给同学们发奖品。妈妈花了多少钱呢？

妈妈花的钱数：

$$9.99 \times 16$$

两位数 ×999：用去一添补法，中间加 1 个 9。

$$= 999 \times 16 \times 0.01$$
$$= 15984 \times 0.01$$
$$= 159.84 （元）$$

爸爸关注一支股票许久了。这天，这支股票 9.90 元一股，爸爸买了 3700 股，花了多少钱？

花的钱数：

$$9.90 \times 3700$$
$$= 99 \times 370$$
$$= 36630 （元）$$

独立思考练习题七　　（答案见160页）

计算下列各题。

(1) 74×9　　　(2) 6×99　　　(3) 82×99

(4) 76×999　　(5) 297×99　　(6) 297÷9

 第二节　　以某数为标准数进行闪算

在计算中，当我们把最高位上的数称为"头"时，个位上的数就称为"尾"。

一　两位数乘两位数

1. 十几乘十几

我们一起来探索：12×13怎样算简捷？

(1) 用竖式。

课题：十几乘十几(一)

```
      1 2
  ×   1 3
  ─────────
      3 6  ──────→   3个十　+6（也就是2×3）个一
  + 1 2    ──────→   12个十
  ─────────
    1 5 6  ←──────   (12+3) ×10   +   2×3
```

（一个乘数+另一个乘数的尾数）尾数×尾数

写成横式：12×13

$$=(12+3)×10+2×3$$

$$=156$$

（2）结合图形推算 12×13 的闪算方法：长 13、宽 12 的长方形面积 $= 12 \times 13$。

见下图，将长 13、宽 12 的长方形分割成 a、b、c、d 四个部分。

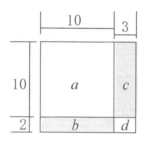

① 正方形 a 的面积 $= 10 \times 10$；

② 长方形 b 的面积 + 长方形 c 的面积 $= 2 \times 10 + 3 \times 10 =$（$2 + 3$）$\times 10$；

③ 长方形 d 的面积 $= 2 \times 3$；

④ 长 13、宽 12 的长方形的面积 $= 12 \times 13 =$ 正方形 a 的面积 + 长方形 b 的面积 + 长方形 c 的面积 + 长方形 d 的面积。

$$= 10 \times 10 +（2 + 3）\times 10 + 2 \times 3$$
$$=（10 + 2 + 3）\times 10 + 2 \times 3$$
$$= \underline{（12 + 3）\times 10} + \underline{2 \times 3}$$

（一个乘数 + 另一乘数的尾数）　尾数 × 尾数
$$= 156$$

用同样的方法可以推导出：

$$13 \times 14$$
$$=（13 + 4）\times 10 + 3 \times 4$$
$$= 182$$

由此可以总结出：

十几乘十几的计算方法：一个乘数加上另一个乘数的尾数之和乘10，再加上两个乘数的尾数的积。

如果是 18×19 呢？当然也可以用这个方法。

18×19

$= (18 + 9) \times 10 + 8 \times 9$

$= 27 \times 10 + 72$

$= 342$

显然，这两道题的计算都是以10为标准数的。

18×19 中的两个乘数都接近20，还有没有更简捷的计算方法呢？

见下图，我们将一个边长为20的正方形分割成 a、b、c、d 四个部分，其中长方形 a 长19、宽18，那么长方形 a 的面积 $= 19 \times 18 = 18 \times 19$。

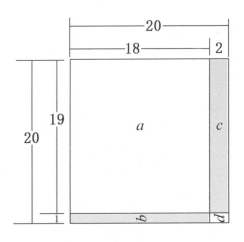

课题：十几乘十几(二)

（1）大正方形的面积 $= 20 \times 20$

（2）长方形 $(c + d)$ 的面积 $= 20 \times 2$

（3）长方形 $(b + d)$ 的面积 $= 20 \times 1$

（4）长方形 d 的面积 $= 2 \times 1$

（5）长方形 a 的面积 $=$ 大正方形的面积 $-$ 长方形 $(c + d)$ 的面积 $-$ 长方形 $(b + d)$ 的面积 $+$ 长方形 d 的面积

$$= 20 \times 20 - 20 \times 2 - 20 \times 1 + 2 \times 1$$
$$= (20 - 2 - 1) \times 20 + 2 \times 1$$
$$= \underline{(18 - 1)} \times 20 + \underline{2 \times 1}$$

（一个乘数 － 另一乘数的补数） 补数 × 补数
$$= 342$$

也就是说，

$$18 \times 19$$
$$= (18 - 1) \times 20 + 2 \times 1$$
$$= 340 + 2$$
$$= 342$$

用同样的方法可以推导出：

$$17 \times 16$$
$$= (17 - 4) \times 20 + 3 \times 4$$
$$= 260 + 12$$
$$= 272$$

因此可以总结出：

十几乘十几的另一种计算方法：一个乘数与另一个乘数的补数的差乘20，再加上两个乘数的补数之积。

这种方法显然是以 20 为标准数计算的。当两个乘数都大于 15 时，用这个方法计算更简捷。

例1. 计算 12×14

$$12 \times 14$$
$$= (12 + 4) \times 10 + 2 \times 4$$
$$= 160 + 8$$
$$= 168$$

例2. 计算 17×18

方法一：以 10 为标准数

一学就会的闪算(第2版)

17×18

$= (17 + 8) \times 10 + 7 \times 8$

$= 250 + 56$

$= 306$

方法二：以 20 为标准数

17×18

$= (17 - 2) \times 20 + 3 \times 2$

$= 300 + 6$

$= 306$

新宇喜欢集邮，从 8 岁起就用压岁钱订购邮票年册，并于当年拿到邮票年册。订购的方法是每年到邮局预交 180 元，取邮票年册时多退少补。新宇自己算了算到自己 20 岁拿到新邮票年册时总共要花的钱数。

总共要花的钱数：$180 \times 13 = 2340$（元）

注意：新宇从 8 岁开始拿到邮票年册，到 20 岁又拿到邮票年册，共 13 本，不是 12 本哦。

独立思考练习题八　（答案见160页）

计算下列各题。

(1) 12×17　　　(2) 16×13　　　(3) 13×13

(4) 17×16　　　(5) 18×13　　　(6) 19×19

2. 19×19 的口诀

从"1×1"到"9×9"的口诀叫九九乘法口诀，大家早已背得滚瓜烂熟了，所以我们能用它进行乘除法计算。从"1×1"到"19×19"的口诀称为 19×19 的口诀。19×19 的口诀里装着很多数学法宝。会背 19×19 的口诀的人就像头脑中设置了简化运算的计算机程序，在计算多位数乘多位数时比只会背九九乘法口诀的人要快多了。不仅如此，在边思考边背诵 19×19 的口诀的过程中，还可以了解乘法的结构，掌握使复杂的乘法运算变得简单的思维方法，进行作为乘法逆运算的除法运算自然会变快，同时也能提高加法和减法运算的思考力，从而为自己积累丰厚的数学财富。下面是 19×19 的口诀表。

19×19 的口诀表

第2段	第3段	第4段	第5段	第6段	第7段	第8段	第9段	第10段
2×1=2	3×1=3	4×1=4	5×1=5	6×1=6	7×1=7	8×1=8	9×1=9	10×1=10
2×2=4	3×2=6	4×2=8	5×2=10	6×2=12	7×2=14	8×2=16	9×2=18	10×2=20
2×3=6	3×3=9	4×3=12	5×3=15	6×3=18	7×3=21	8×3=24	9×3=27	10×3=30
2×4=8	3×4=12	4×4=16	5×4=20	6×4=24	7×4=28	8×4=32	9×4=36	10×4=40
2×5=10	3×5=15	4×5=20	5×5=25	6×5=30	7×5=35	8×5=40	9×5=45	10×5=50
2×6=12	3×6=18	4×6=24	5×6=30	6×6=36	7×6=42	8×6=48	9×6=54	10×6=60
2×7=14	3×7=21	4×7=28	5×7=35	6×7=42	7×7=49	8×7=56	9×7=63	10×7=70
2×8=16	3×8=24	4×8=32	5×8=40	6×8=48	7×8=56	8×8=64	9×8=72	10×8=80
2×9=18	3×9=27	4×9=36	5×9=45	6×9=54	7×9=63	8×9=72	9×9=81	10×9=90
2×10=20	3×10=30	4×10=40	5×10=50	6×10=60	7×10=70	8×10=80	9×10=90	10×10=100
2×11=22	3×11=33	4×11=44	5×11=55	6×11=66	7×11=77	8×11=88	9×11=99	10×11=110
2×12=24	3×12=36	4×12=48	5×12=60	6×12=72	7×12=84	8×12=96	9×12=108	10×12=120
2×13=26	3×13=39	4×13=52	5×13=65	6×13=78	7×13=91	8×13=104	9×13=117	10×13=130
2×14=28	3×14=42	4×14=56	5×14=70	6×14=84	7×14=98	8×14=112	9×14=126	10×14=140
2×15=30	3×15=45	4×15=60	5×15=75	6×15=90	7×15=105	8×15=120	9×15=135	10×15=150
2×16=32	3×16=48	4×16=64	5×16=80	6×16=96	7×16=112	8×16=128	9×16=144	10×16=160
2×17=34	3×17=51	4×17=68	5×17=85	6×17=102	7×17=119	8×17=136	9×17=153	10×17=170
2×18=36	3×18=54	4×18=72	5×18=90	6×18=108	7×18=126	8×18=144	9×18=162	10×18=180
2×19=38	3×19=57	4×19=76	5×19=95	6×19=114	7×19=133	8×19=152	9×19=171	10×19=190

第11段	第12段	第13段	第14段	第15段	第16段	第17段	第18段	第19段
11×1=11	12×1=12	13×1=13	14×1=14	15×1=15	16×1=16	17×1=17	18×1=18	19×1=19
11×2=22	12×2=24	13×2=26	14×2=28	15×2=30	16×2=32	17×2=34	18×2=36	19×2=38
11×3=33	12×3=36	13×3=39	14×3=42	15×3=45	16×3=48	17×3=51	18×3=54	19×3=57
11×4=44	12×4=48	13×4=52	14×4=56	15×4=60	16×4=64	17×4=68	18×4=72	19×4=76
11×5=55	12×5=60	13×5=65	14×5=70	15×5=75	16×5=80	17×5=85	18×5=90	19×5=95
11×6=66	12×6=72	13×6=78	14×6=84	15×6=90	16×6=96	17×6=102	18×6=108	19×6=114
11×7=77	12×7=84	13×7=91	14×7=98	15×7=105	16×7=112	17×7=119	18×7=126	19×7=133
11×8=88	12×8=96	13×8=104	14×8=112	15×8=120	16×8=128	17×8=136	18×8=144	19×8=152
11×9=99	12×9=108	13×9=117	14×9=126	15×9=135	16×9=144	17×9=153	18×9=162	19×9=171
11×10=110	12×10=120	13×10=130	14×10=140	15×10=150	16×10=160	17×10=170	18×10=180	19×10=190
11×11=121	12×11=132	13×11=143	14×11=154	15×11=165	16×11=176	17×11=187	18×11=198	19×11=209
11×12=132	12×12=144	13×12=156	14×12=168	15×12=180	16×12=192	17×12=204	18×12=216	19×12=228
11×13=143	12×13=156	13×13=169	14×13=182	15×13=195	16×13=208	17×13=221	18×13=234	19×13=247
11×14=154	12×14=168	13×14=182	14×14=196	15×14=210	16×14=224	17×14=238	18×14=252	19×14=266
11×15=165	12×15=180	13×15=195	14×15=210	15×15=225	16×15=240	17×15=255	18×15=270	19×15=285
11×16=176	12×16=192	13×16=208	14×16=224	15×16=240	16×16=256	17×16=272	18×16=288	19×16=304
11×17=187	12×17=204	13×17=221	14×17=238	15×17=255	16×17=272	17×17=289	18×17=306	19×17=323
11×18=198	12×18=216	13×18=234	14×18=252	15×18=270	16×18=288	17×18=306	18×18=324	19×18=342
11×19=209	12×19=228	13×19=247	14×19=266	15×19=285	16×19=304	17×19=323	18×19=342	19×19=361

（1）分析口诀表——需要背109句口诀

首先要了解该口诀表的结构。

该口诀由 $1 \times 1 = 1$ 到 $19 \times 19 = 361$，共 361 个算式组成。上表中省去了第 1 段从 $1 \times 1 = 1$ 到 $1 \times 19 = 19$ 这 19 个算式，把其余 342 个算式分上、下两部分共 18 段。

上半部分：

第 2 段~第 9 段的前 9 行是大家都熟悉的九九乘法口诀。第 10 行乘 10，第 11 行乘 11，以及第 10 段乘 10，随口都可以说出得几。上半部分还剩下 64 句，是不熟悉的。但这 64 句在下半部分中都有。如 $2 \times 12 = 24$，$2 \times 13 = 26$，$2 \times 14 = 28$……$2 \times 19 = 38$，是下半部分中的第 2 行；$3 \times 12 = 36$，$3 \times 13 = 39$，$3 \times 14 = 42$……$3 \times 19 = 57$，是下半部分中的第 3 行，只是两个乘数交换了位置。所以，上半部分 174 句加上没写在表中的 19 句共 193 句都不用背。

下半部分：

第 11 段~第 19 段的第 1 行乘 1，第 10 行乘 10，以及第 11 段中的 $11 \times 2 \sim 11 \times 9$，都可以直接得出答案，也不用背。

第 12 段的 12×11，第 13 段的 13×11，13×12，第 14 段的 14×11，14×12，14×13……第 19 段的 19×11，19×12，19×13，19×14，19×15，19×16，19×17，19×18，共 64 句在背前一段时已背过，不用重复背。

到此，我们总结出要背会 19×19 的口诀，只需要在会背九九乘法口诀的基础上，再背会 $64 + 45 = 109$ 句口诀即可（见表一）。

课题：19×19 的口诀

第11段	第12段	第13段	第14段	第15段	第16段	第17段	第18段	第19段	
11×1=11	12×1=12	13×1=13	14×1=14	15×1=15	16×1=16	17×1=17	18×1=18	19×1=19	64句
11×2=22	12×2=24	13×2=26	14×2=28	15×2=30	16×2=32	17×2=34	18×2=36	19×2=38	
11×3=33	12×3=36	13×3=39	14×3=42	15×3=45	16×3=48	17×3=51	18×3=54	19×3=57	
11×4=44	12×4=48	13×4=52	14×4=56	15×4=60	16×4=64	17×4=68	18×4=72	19×4=76	
11×5=55	12×5=60	13×5=65	14×5=70	15×5=75	16×5=80	17×5=85	18×5=90	19×5=95	
11×6=66	12×6=72	13×6=78	14×6=84	15×6=90	16×6=96	17×6=102	18×6=108	19×6=114	
11×7=77	12×7=84	13×7=91	14×7=98	15×7=105	16×7=112	17×7=119	18×7=126	19×7=133	
11×8=88	12×8=96	13×8=104	14×8=112	15×8=120	16×8=128	17×8=136	18×8=144	19×8=152	
11×9=99	12×9=108	13×9=117	14×9=126	15×9=135	16×9=144	17×9=153	18×9=162	19×9=171	
11×10=110	12×10=120	13×10=130	14×10=140	15×10=150	16×10=160	17×10=170	18×10=180	19×10=190	
11×11=121	12×11=132	13×11=143	14×11=154	15×11=165	16×11=176	17×11=187	18×11=198	19×11=209	
11×12=132	12×12=144	13×12=156	14×12=168	15×12=180	16×12=192	17×12=204	18×12=216	19×12=228	
11×13=143	12×13=156	13×13=169	14×13=182	15×13=195	16×13=208	17×13=221	18×13=234	19×13=247	
11×14=154	12×14=168	13×14=182	14×14=196	15×14=210	16×14=224	17×14=238	18×14=252	19×14=266	
11×15=165	12×15=180	13×15=195	14×15=210	15×15=225	16×15=240	17×15=255	18×15=270	19×15=285	
11×16=176	12×16=192	13×16=208	14×16=224	15×16=240	16×16=256	17×16=272	18×16=288	19×16=304	
11×17=187	12×17=204	13×17=221	14×17=238	15×17=255	16×17=272	17×17=289	18×17=306	19×17=323	
11×18=198	12×18=216	13×18=234	14×18=252	15×18=270	16×18=288	17×18=306	18×18=324	19×18=342	
11×19=209	12×19=228	13×19=247	14×19=266	15×19=285	16×19=304	17×19=323	18×19=342	19×19=361	

45句

十几乘几的64句运用乘法分配率进行闪算：几十＋尾×几（"尾"是十几个位上的数）。例如：$12×3＝（10＋2）×3＝30＋2×3＝36$ ……$16×8＝80＋6×8＝128$ ……$19×9＝90＋9×9＝171$（见表二）。

前面我们已经学了乘9的速算方法。十几乘9，两位数×9的方法是"去1去头添尾补"，十几的"头"是1，那就是"去2添尾补"。例如：$16×9$，$16－2＝14$，添6的补数4，$16×9＝144$（见表二）。

表二　算、背64句口诀的方法

第11段	第12段	第13段	第14段	第15段	第16段	第17段	第18段	第19段	
	12×2=24	13×2=26	14×2=28	15×2=30	16×2=32	17×2=34	18×2=36	19×2=38	20+尾×2
	12×3=36	13×3=39	14×3=42	15×3=45	16×3=48	17×3=51	18×3=54	19×3=57	30+尾×3
	12×4=48	13×4=52	14×4=56	15×4=60	16×4=64	17×4=68	18×4=72	19×4=76	40+尾×4
	12×5=60	13×5=45	14×5=70	15×5=75	16×5=80	17×5=85	18×5=90	19×5=95	50+尾×5
	12×6=72	13×6=78	14×6=84	15×6=90	16×6=96	17×6=102	18×6=108	19×6=114	60+尾×6
	12×7=84	13×7=91	14×7=98	15×7=105	16×7=112	17×7=119	18×7=136	19×7=133	70+尾×7
	12×8=96	13×8=104	14×8=112	15×8=120	16×8=128	17×8=136	18×8=144	19×8=152	80+尾×8
	12×9=108	13×9=117	14×9=126	15×9=135	16×9=144	17×9=153	18×9=162	19×9=171	90+尾×9

或减2添尾补

几十+尾×几

其余的45句用前面所学的十几乘十几的方法速算，即：先算一个乘数加上另一个乘数个位上的数的和，接着写两个乘数的尾数的积（满几十向十位上进位几），或者两个乘数接近20时，就以20为标准数，用一个乘数减去另一个乘数的补数的差乘20，再加上两个乘数的补数之积。对于有基础的人，计算中可灵活转换方法。例如：用乘 11 的方法"两边一拉，中间相加"计算第 11 段，$11 \times 11 = 121$；会"同头尾凑十"计算，头×（头 +1），尾×尾，两个积连着写，13×17，$1 \times (1 + 1) = 2$，$3 \times 7 = 21$，积 221；会"用中间数求积"，中间数的平方 – 差的平方，$17 \times 19 = 18^2 - 1^2 = 324 - 1 = 323$。这样放开思维，计算速度会加快（见表三）。

表三　算、背 45 句口诀的方法

第11段	第12段	第13段	第14段	第15段	第16段	第17段	第18段	第19段
11×11=121								
11×12=132	12×12=144							
11×13=143	12×13=156	13×13=169						
11×14=154	12×14=168	13×14=182	14×14=196					
11×15=165	12×15=180	13×15=195	14×15=210	15×15=225				
11×16=176	12×16=192	13×16=208	14×16=224	15×16=240	16×16=256			
11×17=187	12×17=204	13×17=221	14×17=238	15×17=255	16×17=272	17×17=289		
11×18=198	12×18=216	13×18=234	14×18=252	15×18=270	16×18=288	17×18=306	18×18=324	
11×19=209	12×19=228	13×19=247	14×19=266	15×19=285	16×19=304	17×19=323	18×19=342	19×19=361

乘 11 的算法：两边一拉，中间相加

十几乘十几的计算方法

（2）先亲自制表，然后背口诀

19×19 的口诀不要拿起表来就背，亲自制表很重要。在制表的过程中，要边计算，边体会数的变化。

制好表以后，要横着、竖着观察各段的数，注意数递增的规律，从中寻找蕴含的数学法宝。

通过亲自计算制作出完整的 342 个乘法算式口诀表，我们可以从多方面领悟数学运算的奥秘。

第一，可以了解该口诀表的结构，体会使复杂的乘法运算变得简单的思维方法。该口诀表的制作，能帮你进一步熟练地掌握十几乘几和十几乘十几的计算方法，即使没背会该口诀，想一下也能说出得数。

第二，一一划去 233 句口诀，一边划一边想为什么可以划去。

第三，仔细观察剩下的 109 句口诀，看看口诀上下、左右的关系，找出规律，这样再背就容易了。

边算边记，边记边想，活化思维，不断地提高计算能力。

（3）19×19 的口诀与其他运算

背会 19×19 的口诀，在计算 361 以内的乘除法时，就能如同计算 81 以内的乘除法一样，答案能脱口而出，而且有利于其他运算。

①运用于加法

例如：计算 $128 + 176$，你会想到 128 是 8 个 16，176 是 11 个 16，$8 + 11 = 19$，所以计算 $128 + 176$ 就是计算 19 个 16 是多少，即 $128 + 176 = 16 \times 19 = 304$。（把加法运算转换成乘法运算）

②运用于减法

例如：计算 $342 - 285$，你会想到这是 18 个 19 减去 15 个 19，差是 3 个 19，所以，$342 - 285 = 19 \times 3 = 57$。（把减法运算转换成乘法运算）

③运用于乘法

例如：38×45

$$= (38 \div 2) \times (45 \times 2)$$

$$= 19 \times 90$$

$$= 1710$$

④ 运用于分数

例 1. $\dfrac{153}{221} = \dfrac{\overset{9}{\cancel{153}}}{\underset{13}{\cancel{221}}} = \dfrac{9}{13}$（公因数为17）

例 2. $\dfrac{5}{17} + \dfrac{8}{13} = \dfrac{5 \times 13 + 8 \times 17}{17 \times 13} = \dfrac{65 + 136}{221} = \dfrac{201}{221}$

当然，也同样能应用于小数，这里不再举例。

在后面的学习中我们将深刻体会 19×19 的口诀不仅扩大了闪算的数值范围，而且拓展了自己的计算空间，潜移默化中提高了个人计算能力。

温馨提示：如果想彻底舍弃运算过程而熟练使用 19×19 的口诀，那么就挑战自己的记忆力，要像对九九乘法口诀一样，对 19×19

的口诀熟稔于心。

（1） 19×19 的口诀可以在二年级的暑假里背，因为这时候你已会背九九乘法口诀，已具备了背诵 19×19 的口诀的能力，而且可以为三年级的学习做好准备。

（2） 要集中时间、集中精力，一气呵成地背。有的同学只需半天或一天就背下了 109 句。挑战一下吧，看看自己多少时间能背会。做这件事，是很有成就感的。

（3） 在你下功夫把 19×19 的口诀背会后，请每天至少背一两遍，持续背诵 21 天。这样，19×19 的口诀就能像九九乘法口诀一样成为你终生的财富了。

为什么要背21 天呢？因为心理学家做过实验，习惯的养成需要 21 天。你一定还记得，学习九九乘法口诀的时候，老师也是带着大家重复背了好多天呢。

完全掌握 19×19 的口诀确实要下点儿功夫，但从成本和效益的角度看，却是一笔很合算的"买卖"。经过试验，背会 19×19 的口诀的人，其计算速度起码提高一倍。

不过，如果你没有背熟 19×19 的口诀，那么在做题时再算一算，不要因误记而造成错误。

　　新宇家所在楼的电梯承重量为 1350 千克。一天傍晚赶上下班放学高峰，电梯里一下子涌进 14 个人，按关门电钮，电梯却不关门。超重了？每个人连人带包按 75 千克算，新宇闪算了一下，没超载。再一检查，原来是一个阿姨手里拿的报纸碰着门了，报纸往里一拿，门就关上了。

　　不知道新宇是不是这样算的：

$$75 \times 14$$
$$= 5 \times (15 \times 14)$$
$$= 5 \times 210$$
$$= 1050 （千克）$$

还是这样算的：

$$75 \times 14$$
$$= 75 \times (10 + 4)$$
$$= 750 + 75 \times 4$$
$$= 750 + 300$$
$$= 1050 \ （千克）$$

或许是这样算的：

$$75 \times 14$$
$$= 75 \times 4 \times (14 \div 4)$$
$$= 300 \times 7 \div 2$$
$$= 2100 \div 2$$
$$= 1050 \ （千克）$$

还有其他算法，结果都是一样的，1050 千克小于电梯的承重量 1350 千克，所以不超重。

3. "同头"的几十几乘几十几

我们把一个数高位上的数称为"头"，末位上的数称为"尾"。像 36×39、78×73 这样的算式，十位上的数相同，称为"同头"的几十几乘几十几。

两位数乘两位数的题共有 8100 道，乘积最小的数是三位数，乘积最大的数是四位数。这是因为最小的两位数相乘 $10 \times 10 = 100$，最大的两位数相乘 $99 \times 99 = 9801$，所以，几十几乘几十几的积必定在 $100 \sim 9801$。

17 和 10 相比较（也就是以 10 为标准数），那么 7 就是 17 比 10 多的数，我们把比标准数多的数叫作剩余数。以 10 为标准数，18 的剩余数是 8；以 20 为标准数，26 的剩余数是 6。我们已经知道，以 20 为标准数，17 的补数是 3，18 的补数是 2。

前面已经学习了 17×18 的两种算法：

第一种，以10为标准数：

$17 \times 18 = (17 + 8) \times 10 + 7 \times 8$

第二种，以20为标准数：

$17 \times 18 = (17 - 2) \times 20 + 3 \times 2$

计算结果当然是一样的：306。

比较这两种算法，本质上是相同的，都是以一个数为标准数进行计算的。由于选择的标准数不同，因此带来了计算上的差别：

以10为标准数，**两个乘数都比标准数大，计算方法是：（一个乘数＋另一个乘数的剩余数）×标准数＋剩余数×剩余数。**

以20为标准数，**两个乘数都比标准数小，计算方法是：（一个乘数－另一个乘数的补数）×标准数＋补数×补数。**

"同头"的几十几乘几十几的计算方法和十几乘十几的计算方法相同。

例1. 计算 23×25

这样算：以20为标准数。第一个乘数加第二个乘数的剩余数之和乘标准数20，即：$(23 + 5) \times 20 = 28 \times 20 = 560$；剩余数乘剩余数，即：$3 \times 5 = 15$；两积相加，即：$560 + 15 = 575$。

23×25
$= (23 + 5) \times 20 + 3 \times 5$
$= 560 + 15$
$= 575$

例2. 计算 76×78

这样算：76、78接近80，故可以80为标准数进行计算。第一个乘数76减第二个乘数78的补数2的差乘标准数80，即$(76 - 2) \times 80 = 74 \times 80 = 5920$；补数乘补数，即$4 \times 2 = 8$；两积相加，即$5920 + 8 = 5928$。

76×78
$= (76 - 2) \times 80 + 4 \times 2$

$$= 5920 + 8$$
$$= 5928$$

例 3. 计算 52×54

$$52 \times 54$$
$$= (52 + 4) \times 50 + 2 \times 4$$
$$= 2800 + 8$$
$$= 2808$$

> "$\times 5$"的简捷方法:能被2整除,在商的后面添0,因为是"$\times 50$"故再多添一个0。

例 4. 计算 38×39,用哪种方法计算更简单?

这样想:38×39,可以以 30 为标准数来计算,但是这两个乘数更接近 40,所以以 40 为标准数计算应该更简单。但如果以 50 为标准数呢? 别忘了,我们会 19×19 的口诀哦。

方法一: 38×39
$$= (38 - 1) \times 40 + 2 \times 1$$
$$= 37 \times 40 + 2$$
$$= 1482$$

方法二: 38×39
$$= (38 - 11) \times 50 + 12 \times 11$$
$$= 27 \times 50 + 132$$
$$= 1350 + 132$$
$$= 1482$$

> 用 19×19 的口诀计算。

> 先按"$\times 5$"计算,在 $27 \div 2$ 的整数商 13 的后面接着写 5 得 135。因为是"$\times 50$",所以在 135 的后面再添一个 0。

你是喜欢算 37×40,还是喜欢算 27×50 呢? 按自己喜欢的方法做吧。

温馨提示: 四十几乘四十几、五十几乘五十几,以 50 为标准数计算简单。三十几乘三十几、六十几乘六十几,以 50 为标准数计算也简单,具体题目要具体分析。("$\times 50$" 就是 "$\times 5 \times 10$",因此要

一学就会的闪算(第2版)

熟记"×5"的简算方法:这个数÷2,如果能整除,在商的后面添0,如果不能整除,在商的整数后面添5。)

九十几乘九十几、八十几乘八十几,以哪个数为标准数计算简单?当然都是以100为标准数计算简单。

例5. 计算 93×98

这样算:这两个乘数都比100小。93减98的补数的差乘100,即:(93-2)×100=9100;两个乘数的补数的积,即:7×2=14;两积相加,即:9100+14=9114。

九十几乘九十几可以直接得积。因为一个乘数减另一个乘数的补数的差是百位、千位上的数,补数×补数的积是个位、十位上的数。所以这样的题直接得出得数:93-2=91,两个补数相乘的积7×2=14,两个数连着写为9114。

93×98 = 9114

例6. 计算 86×87

86×87
=(86-13)×100+14×13
=7300+182
=7482

课题:81 ~ 99
任意两位数相乘

 小 结

在"同头"的几十几乘几十几的计算中,以10、100为标准数的题目计算最简单,其次以50为标准数也比较简单。

新宇家的小区里有一处宽约 21 米、长约 26 米的安装着锻炼器材的活动场地，这块活动场地的面积是多少？

新宇家阳台下面是一个长 3.7 米、宽 3.2 米的草坪，这块草坪的面积是多少？

（1）活动场地的面积：　　21×26

$$= (21 + 6) \times 20 + 1 \times 6$$

$$= 546 \text{（平方米）}$$

（2）草坪的面积：　　3.7×3.2

$$= 37 \times 32 \times 0.01$$

$$= [(37 + 2) \times 30 + 7 \times 2] \times 0.01$$

$$= (39 \times 30 + 14) \times 0.01$$

$$= 1184 \times 0.01$$

$$= 11.84 \text{（平方米）}$$

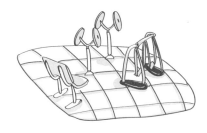 

独立思考练习题九 　（答案见 160 页）

计算下列各题。

（1）34×38　　　　（2）52×56　　　　（3）48×47

（4）92×91　　　　（5）83×84　　　　（6）6.2×6.3

二 部分多位数乘多位数

1. 一百零几乘一百零几, 一百一十几乘一百一十几

一百零几乘一百零几、一百一十几乘一百一十几和十几乘十几的计算方法是一样的, 只是把标准数换成了 100, 即 (**一个乘数 + 另一个乘数的剩余数**) **×100 + 剩余数×剩余数**。

例1. 计算 106×109

106×109

$= (106 + 9) \times 100 + 6 \times 9$

$= 11554$

例2. 计算 112×117

112×117

$= (112 + 17) \times 100 + 12 \times 17$

$= 12900 + 204$

$= 13104$

> 要用 19×19 的口诀哦。

2. 120 以内十位相差 1~3 的两个乘数相乘

前面我们学习的都是两个乘数同时比标准数大或比标准数小的情况, 如果一个乘数比标准数大, 另一个乘数比标准数小, 怎样计算呢?

例如: 106×97

下图是长 106、宽 97 的长方形, 面积为 106×97。

从图中可以得出:

(1) 边长 100 的正方形 (长方形 a + 长方形 c) 的面积 $= 100 \times 100$

(2) 长方形 a 的面积 $= 100 \times 97$

(3) 长方形 $b + d$ 的面积 $= 100 \times 6$

(4) 长方形 c 的面积 $= 100 \times 3$

(5) 长方形 d 的面积 $= 6 \times 3$

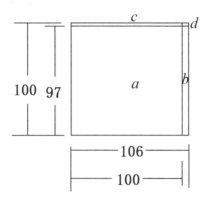

（6）长106、宽97的长方形的面积 = 106×97 = 边长100的正方形（长方形 a + 长方形 c）的面积 + 长方形 $b+d$ 的面积 − 长方形 c 的面积 − 长方形 d 的面积，即

$$= 100 \times 100 + 100 \times 6 - 100 \times 3 - 6 \times 3$$

$$= (100 + 6 - 3) \times 100 - 6 \times 3$$

$$= \underline{(106 - 3)} \times 100 \quad \underline{-6 \times 3}$$

大乘数 − 小乘数的补数　　大乘数的剩余数 × 小乘数的补数

$$= 10300 - 18$$

$$= 10282$$

$106 \times 97 = 10282$

交换两个乘数的位置：97×106，根据上图，可以推算出：

$$97 \times 106$$

$$= \underline{(97 + 6)} \times 100 \quad \underline{-3 \times 6}$$

小乘数 + 大乘数的剩余数　　小乘数的补数 × 大乘数的剩余数

$$= 10300 - 18$$

$$= 10282$$

$97 \times 106 = 10282$

大乘数减小乘数的补数与小乘数加大乘数的剩余数是相等的：$106 - 3 = 97 + 6 = 103$。因此计算时，第二个乘数比标准数大，就加剩余数，第二个乘数比标准数小，就减补数。

概括起来，**一个乘数比标准数大，另一个乘数比标准数小的计算方法是：**

大乘数减小乘数的补数（或小乘数加大乘数的剩余数）乘标准数，再减大乘数的剩余数乘小乘数的补数。

你是否感到这个算法有点难记呀？其实，和前面所学的两个乘数都比标准数大或者都比标准数小的计算方法是一样的。这里，标准数是两个乘数之间的数，比标准数多的数是剩余数，比标准数少的数是补数，最后一定要减去剩余数乘补数，即：

（小乘数 + 大乘数的剩余数）×标准数 – 补数×剩余数

（大乘数 – 小乘数的补数）×标准数 – 剩余数×补数

有了这个计算方法，接下来我们研究十位上的数相差 $1 \sim 3$ 的两位数乘两位数。

十位上的数相差 $1 \sim 3$，个位上的数可以是任何数的两位数乘两位数，一般以这两个乘数中间的整十数为标准数进行计算。确定标准数的原则是两个乘数与标准数相差不超过 19（因为我们只背到 19×19 的口诀）。

例 1. 计算 24×38

24×38

$= (24 + 8) \times 30 - 6 \times 8$

$= 32 \times 30 - 48$ ——— 以 30 为标准数。

$= 960 - 48$

$= 912$

例 2. 计算 67×35

67×35

$= (67 - 15) \times 50 - 17 \times 15$

$$= 52 \times 50 - 255$$

以 50 为标准数。

$$= 2600 - 255$$

$$= 2345$$

注意：运用 19×19 的口诀及乘 5 的闪算方法，就能闪算 $31 \sim 69$ 任意两个数相乘，如：31×69，52×68，36×47。

例 3. 计算 (1) 94×108 (2) 116×84

              (3) 107×114 (4) 94×82

(1) 94×108

     $= (94 + 8) \times 100 - 6 \times 8$

减补数 × 剩余数。

     $= 10200 - 48$

     $= 10152$

(2) 116×84

     $= (116 - 16) \times 100 - 16 \times 16$

     $= 10000 - 256$

     $= 9744$

(3) 107×114

     $= (107 + 14) \times 100 + 7 \times 14$

两个乘数都比标准数大时，加剩余数 × 剩余数。

     $= 12100 + 98$

     $= 12198$

(4) 94×82

     $= (94 - 18) \times 100 + 6 \times 18$

两个乘数都比标准数小时，加补数 × 补数。

     $= 7600 + 108$

     $= 7708$

温馨提示：$80 \sim 120$ 任意两个整数相乘，有的是两位数乘两位数，有的是三位数乘两位数或三位数乘三位数，以 100 为标准数计算更简单。

3. 以整百、整千数为标准数进行计算

以整百、整千数为标准数的计算方法与以100为标准数进行计算的算法相同，只是把乘100改乘整百、整千数即可。

例1. 计算 191×205

191×205

$= (191 + 5) \times 200 - 9 \times 5$

$= 196 \times 200 - 45$

$= 39200 - 45$

$= 39155$

例2. 计算 992×997

992×997

$= (992 - 3) \times 1000 + 8 \times 3$

$= 989024$

例3. 计算 190.8×9.98

190.8×9.98

$= (1908 \times 998) \times 0.001$

$= [(1908 - 2) \times 1000 - 908 \times 2] \times 0.001$

$= (1906000 - 1816) \times 0.001$

$= 1904184 \times 0.001$

$= 1904.184$

 小 结

1. 120以内十位上的数相差1~3的两位数乘两位数，可以以这两个数中间的整十数为标准数计算。以100为标准数，可以闪算81~119任意两个整数相乘的积，以50为标准数，可以快捷计算31~69任意两个整数相乘的积。

2. 运用 19×19 的口诀，以整百、整千为标准数进行计算扩大了简算的范围。

新宇家现在的住房是爸爸妈妈结婚时购买的，当时的房价是每平方米 11900 元，这套住房 81 平方米，总共花了多少钱呢？

新宇家楼门入口处的布告栏长 118 厘米、宽 103 厘米，布告栏的平面面积多大？

（1）买房共花钱数：

11900×81

$= [(119 - 19) \times 100 - 19 \times 19] \times 100$

$= [10000 - 361] \times 100$

$= 963900$（元）

（2）布告栏的平面面积：

118×103

$= (118 + 3) \times 100 + 18 \times 3$

$= 12100 + 54$

$= 12154$（平方厘米）

独立思考练习题十　　（答案见 160 页）

1. 计算下列各题。

（1）102×108　　（2）26×34　　（3）48×54

（4）37×49　　（5）106×93　　（6）9.2×1.09

2. 计算下列各题。

（1）496×504　　（2）1008×993　　（3）2013×1998

三 以两个乘数的平均数为标准数进行计算

两个数的和除以2，商就是这两个数的平均数。如262和238，
$(262+238)\div2=250$，250就是262和238的平均数。

例如：22×18，如何以它们的平均数20为标准数进行计算呢？

下图中有一个是长22、宽18的长方形，它的面积是22×18。

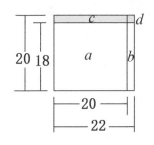

由图中可看出：

（1）长方形 a 的面积

    ＝边长20的正方形面积－长方形 c 的面积

    $=20\times20-20\times2$

（2）长方形 b 的面积

＝长20、宽2的长方形面积－正方形 d 的面积

$=20\times2-2\times2$

（3）长22、宽18的长方形面积

    ＝长方形 a 的面积＋长方形 b 的面积$=20\times18+2\times18$

    $=20\times20-20\times2+20\times2-2\times2$

    $=20\times20-2\times2$

即：$22\times18=20\times20-2\times2$ 或 $20^2-2^2=396$。

所以，**以两个乘数的平均数为标准数进行计算的方法是：平均数的平方减两个乘数与平均数差的平方。**

1. 两个乘数的平均数是整十、整百、整千数的计算

例1. 计算 69×71

这样算：69比70少1，71比70多1，70是69和71的平均数。

    69×71

    $=70^2-1^2$

    $=4900-1$

    $=4899$

例 2. 计算 998×1002

998×1002

$= 1000^2 - 2^2$

$= 1000000 - 4$

$= 999996$

例 3. 计算 1985×2015

1985×2015

$= 2000^2 - 15^2$

$= 4000000 - 225$

$= 3999775$

2. 两个乘数的平均数是 15、25 ~ 95 及其 10 倍、100 倍的计算

15，25，35，…，95 的平方数计算方法是：头×（头 +1），接着写 25，即 $15^2 = 225$、$25^2 = 625$、$35^2 = 1225$……$95^2 = 9025$，这些在后面将会详细讲到。

例 1. 计算 43×47

43×47

$= 45^2 - 2^2$

$= 2025 - 4$

$= 2021$

例 2. 计算 256×244

256×244

$= 250^2 - 6^2$

$= 62500 - 36$

$= 62464$

例 3. 计算 7501×7499

7501×7499

$= 7500^2 - 1^2$

$=56250000-1$

$=56249999$

拓展

例1. 计算 62^2-52^2

62^2-52^2

$=(62+52)\times(62-52)$

$=114\times10$

$=1140$

例2. 计算 675^2-575^2

675^2-575^2

$=(675+575)\times(675-575)$

$=1250\times100$

$=125000$

3. 以两个乘数的平均数为标准数，进行小数和分数的计算

例1. 计算 7.8×8.2

7.8×8.2

$=8\times8-0.2\times0.2$

$=64-0.04$

$=63.96$

例2. 计算 $4\dfrac{1}{2}\times5\dfrac{1}{2}$

$4\dfrac{1}{2}\times5\dfrac{1}{2}$

$=5\times5-\dfrac{1}{2}\times\dfrac{1}{2}$

$=25-\dfrac{1}{4}$

$=24\dfrac{3}{4}$

小　结

掌握以两个乘数的平均数为标准数进行计算的方法，在计算中熟练使用，会提高计算速度。

妈妈喜欢收集瓷塑泥雕的各种人物造型。其中一个瓷塑的女教师很是滑稽：戴着眼镜，瞪着眼，张着嘴，右手杵着地球仪，左手拿着小黑板，小黑板上写着"$1+1=3$"，不知她是在教学生，还是在订正学生的错误。那块小黑板长 $3\frac{1}{5}$ 厘米、宽 $2\frac{4}{5}$ 厘米。妈妈还有一个"凿洞借光"的读书泥娃，做得比较粗糙。新宇用尺子量了量，凿洞的墙高 $9\frac{3}{4}$ 厘米、宽 8 厘米，地面看似正方形，其实是长 $8\frac{2}{3}$ 厘米、宽 $8\frac{1}{3}$ 厘米的长方形。新宇对这几个长方形的面积都清楚了。你也来算一算黑板、墙和地面的面积吧。

（1）黑板的面积：　$3\frac{1}{5}\times2\frac{4}{5}$

$$=3\times3-\frac{1}{5}\times\frac{1}{5}$$

> 运用平均数计算：平均数的平方 − 差的平方。

$$=9-\frac{1}{25}$$

$$=8\frac{24}{25}\text{（平方厘米）}$$

一学就会的闪算(第2版)

(2) 墙的面积：$9\frac{3}{4} \times 8$

$$= (9 + \frac{3}{4}) \times 8$$

> 运用乘法分配律计算。

$$= 9 \times 8 + \frac{3}{4} \times 8$$

$$= 72 + 6$$

$$= 78（平方厘米）$$

(3) 地面的面积：$8\frac{2}{3} \times 8\frac{1}{3} = 72\frac{2}{9}$（平方厘米）

> 按"首同尾合十"计算：
> (头 + 1) × 头，尾 × 尾，两积
> 连一起（见本书 91 页）。

独立思考练习题十一　（答案见161页）

计算下列各题。

(1) 26×34　　　(2) 248×252　　　(3) 2975×3025

(4) $81^2 - 79^2$　　　(5) 0.39×0.41　　　(6) $5\frac{5}{7} \times 6\frac{2}{7}$

68

第三节　运用乘法定律进行闪算

运用乘法的交换律、结合律、分配律等能使计算更简便。

例1. （1）25×36　　（2）$125 \times 25 \times 32$

　　　（3）1.8×35　　（4）$625 \times 379 \times (\dfrac{4}{25} \times 0.01)$

（1）　25×36

　　　$= 25 \times 4 \times 9$

　　　$= 900$

（2）　$125 \times 25 \times 32$

　　　$= 125 \times 25 \times (8 \times 4)$

　　　$= (125 \times 8) \times (25 \times 4)$

　　　$= 1000 \times 100$

　　　$= 100000$

（3）　1.8×35

　　　$= 9 \times 0.2 \times 35$

　　　$= 9 \times (0.2 \times 35)$

　　　$= 9 \times 7$

　　　$= 63$

（4）　$625 \times 379 \times (\dfrac{4}{25} \times 0.01)$

　　　$= 625 \times \dfrac{4}{25} \times 0.01 \times 379$

　　　$= 100 \times 0.01 \times 379$

　　　$= 379$

> 既要观察到 625 与 4，又要知道 $625 = 25 \times 25$。

注意：（1）这四道题运用了乘法的交换津、结合津进行闪算。

（2）计算中如果能分解出 15×2、25×4、35×2、45×2、75×4、

125×8……这样就可以进行闪算了。

例2. 计算 （1）24×75 　　（2）$24 \div 75$
　　　　　　　　（3）56×875 　（4）$56 \div 875$

（1）24×75

方法一： 24×75

$$= \overset{6}{\cancel{24}} \times \underset{1}{\frac{\overset{3}{\cancel{4}}}{}} \times 100$$

把75写成$\frac{3}{4} \times 100$。

$$= 1800$$

方法二：24×75

$$= 6 \times 4 \times 25 \times 3$$
$$= 6 \times 3 \times (25 \times 4)$$
$$= 1800$$

（2）$24 \div 75$

$$= 24 \div (\frac{3}{4} \times 100)$$

把75写成$\frac{3}{4} \times 100$。

$$= 24 \times \frac{4}{3} \div 100$$
$$= 8 \times 4 \div 100$$
$$= 32 \div 100$$
$$= 0.32$$

（3）56×875

方法一：56×875

$$= \overset{7}{\cancel{56}} \times \underset{1}{\frac{\overset{7}{}}{8}} \times 1000$$

把875写成$\frac{7}{8} \times 1000$。

$$= 49000$$

方法二：56×875

$\qquad = 7 \times 8 \times 125 \times 7$

$\qquad = 7 \times 7 \times (125 \times 8)$

$\qquad = 49000$

（4） $56 \div 875$

方法一：$56 \div 875$

$\qquad = 56 \div (\dfrac{7}{8} \times 1000)$

把 875 写成 $\dfrac{7}{8} \times 1000$。

$\qquad = \overset{8}{56} \times \dfrac{8}{\underset{1}{7}} \div 1000$

$\qquad = 64 \div 1000$

$\qquad = 0.064$

方法二：$56 \div 875$

$\qquad = \dfrac{\overset{8}{56}}{\underset{125}{875}}$

$\qquad = \dfrac{8}{125}$

注意：在分数、小数的转换中，我们熟知 $\dfrac{3}{4} = 0.75$、$\dfrac{3}{8} = 0.375$，

由此可以推导出：$75 = \dfrac{3}{4} \times 100$、$125 = \dfrac{1}{8} \times 1000$、$375 =$

$\dfrac{3}{8} \times 1000$ 等。

例3. 计算（1） 24×81 （2） 6.9×34

$\qquad$（3） 253×4 （4） 48×127

（1） 24×81

$\qquad = 24 \times (80 + 1)$

$$= 24 \times 80 + 24$$

$$= 1920 + 24$$

$$= 1944$$

（2）　6.9×34

　　$= (7 - 0.1) \times 34$

　　$= 7 \times 34 - 0.1 \times 34$

　　$= 238 - 3.4$

　　$= 234.6$

（3）　253×4

　　$= (250 + 3) \times 4$

　　$= 250 \times 4 + 3 \times 4$

　　$= 1000 + 12$

　　$= 1012$

（4）　48×127

　　$= 6 \times 8 \times (125 + 2)$

> 把 127 换成 125 + 2，从而得到 8 × 125。

　　$= 6 \times (8 \times 125) + 48 \times 2$

　　$= 6000 + 96$

　　$= 6096$

例 4. 计算　（1）$\dfrac{13}{64} \times 66$　　　（2）$29 \times \dfrac{29}{30}$

　　　　　　　　　（3）$\left(\dfrac{11}{12} - \dfrac{1}{6} + 0.75 \right) \times 48$

（1）　$\dfrac{13}{64} \times 66$

　　$= \dfrac{13}{64} \times (64 + 2)$

　　$= \dfrac{13}{64} \times 64 + \dfrac{13}{64} \times 2$

$$= 13 + \frac{13}{32}$$

$$= 13\frac{13}{32}$$

（2）$29 \times \frac{29}{30}$

方法一：$29 \times \frac{29}{30}$

$$= 29 \times \left(1 - \frac{1}{30}\right)$$

$$= 29 - \frac{29}{30}$$

$$= 28\frac{1}{30}$$

方法二：$29 \times \frac{29}{30}$

$$= (30 - 1) \times \frac{29}{30}$$

$$= 30 \times \frac{29}{30} - \frac{29}{30}$$

$$= 29 - \frac{29}{30}$$

$$= 28\frac{1}{30}$$

（3）$\left(\frac{11}{12} - \frac{1}{6} + 0.75\right) \times 48$

$$= \frac{11}{12} \times 48 - \frac{1}{6} \times 48 + \frac{3}{4} \times 48$$

把 0.75 转换成 $\frac{3}{4}$。

$$= 44 - 8 + 36$$

$$= 72$$

例5. 计算 （1） $1 \div 13 + 12 \div 13$　　　 （2） $4.8 \div 2.2$

（1） $1 \div 13 + 12 \div 13$

$= \dfrac{1}{13} + \dfrac{12}{13}$

> 除法转换成分数,计算简单。

$= 1$

（2） $4.8 \div 2.2$

$= 4.8 \times \dfrac{1}{2.2}$

$= \dfrac{24}{11}$

$= 2\dfrac{2}{11}$

📖 小　结

　　认真观察,抓住数据特征,运用乘法运算定律等,能使比较复杂的、烦琐的计算变得简单易算。

试一试：计算 67×21

这样算：你熟悉 $67 \times 3 = 201$ 吗? 那么把这道题分解成 $67 \times 3 \times 7$ 进行计算。

67×21

$= 67 \times 3 \times 7$

$= 201 \times 7$

> 十位上的数是0,计算中不会出现叠加。

$= 1407$

课题:两位数乘一位数,积是三位数且十位是0的算式

温馨提示：两位数乘一位数,积十位上的数是零的算式共有48

个，例如：$12 \times 9 = 108$，$13 \times 8 = 104$，$15 \times 7 = 105$，$89 \times 9 = 801$。你知道得越多，能简算的题目就越多。

　　爸爸、妈妈的卧室长 4.8 米、宽 3.75 米。新宇的卧室长 3.6 米、宽 2.5 米。这两间卧室的面积各有多少平方米？

　　（1）爸爸、妈妈的卧室面积：

$$4.8 \times 3.75$$
$$= 48 \times 375 \times 0.001$$
$$= 6 \times (8 \times 375) \times 0.001$$
$$= 6 \times 3000 \times 0.001$$
$$= 18 （平方米）$$

　　（2）新宇的卧室面积：

$$3.6 \times 2.5$$
$$= 36 \times 25 \times 0.01$$
$$= 9 \times (4 \times 25) \times 0.01$$
$$= 9 （平方米）$$

　　星期日新宇全家到一家酒店给奶奶过生日。餐后服务员结账，说："本来应该交 980 元，但过生日打八五折……"爸爸和新宇几乎同时发声，一个说："实际花了 833 元。"另一个说："省了 147 元。"你知道他们各是怎样闪算出来的吗？

　　（1）实际花的钱数：

$$980 \times 85\%$$
$$= (98 \times 85) \times 0.1$$

$$= [(98-15) \times 100 + 2 \times 15] \times 0.1$$

$$= 8330 \times 0.1$$

$$= 833（元）$$

（2）省的钱数：

$$980 \times 15\%$$

$$= 98 \times 15 \times 0.1$$

$$= (100-2) \times 15 \times 0.1$$

$$= (1500-30) \times 0.1$$

$$= 1470 \times 0.1$$

$$= 147（元）$$

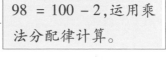

以100为标准数：(一个乘数 - 补数) × 100 + 补数 × 补数。

$98 = 100 - 2$，运用乘法分配律计算。

独立思考练习题十二　（答案见161页）

计算下列各题。

（1）48×25　　　　（2）14×35　　　　（3）45×16

（4）0.75×16　　　（5）7.2×1.25　　　（6）59×24

（7）775×8　　　　（8）0.79×1.25　　（9）8×37.4

（10）$8 \times 5\frac{1}{16}$　　　（11）$\frac{3}{56} \times 57$　　　（12）$39 \times \frac{39}{40}$

第四节 "交叉相乘"

用竖式计算 58×26：

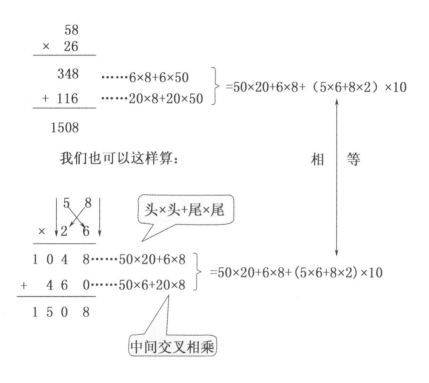

```
        5 8
    ×   2 6
    ─────────
        3 4 8  ┄┄┄┄┄ 6×8+6×50  ⎫
    +   1 1 6  ┄┄┄┄┄ 20×8+20×50 ⎬ =50×20+6×8+（5×6+8×2）×10
    ─────────
      1 5 0 8
```

我们也可以这样算：

相　等

头×头+尾×尾

```
        5   8
    ×   2   6
    ─────────
      1 0 4 8  ┄┄┄┄ 50×20+6×8  ⎫
    +   4 6 0  ┄┄┄┄ 50×6+20×8  ⎬ =50×20+6×8+(5×6+8×2)×10
    ─────────
      1 5 0 8
```

中间交叉相乘

写成横式：58×26

交叉相乘的积。

$= 1048 + （5 \times 6 + 8 \times 2） \times 10$

头×头,尾×尾,两积连着写：
$5 \times 2 = 10, 8 \times 6 = 48, 1048$。

$= 1048 + 460$

$= 1508$

这种计算方法叫作"交叉相乘"，也叫作"十字相乘"。

计算过程如下：

第一步，把两个乘数十位上的数相乘的积写出来，接着写个位上的数相乘的积。

第二步，把十位上的数与个位上的数交叉相乘的积相加。

第三步，把这两部分积相加。

也就是：**头乘头，尾乘尾，再加交叉相乘的积的和。**

58×26，我们把"5×6"看作"外项积"，把"8×2"看作"内项积"；两个乘数交换位置为26×58，把"2×8"看作"外项积"，把"6×5"看作"内项积"。这样"看作"利于我们写横式。

所以，**"交叉相乘"**的计算方法是：头乘头，尾乘尾，再加外项积与内项积之和的 10 倍。

$$58 \times 26$$
$$= 1048 + (5 \times 6 + 8 \times 2) \times 10$$
$$= 1048 + 460$$
$$= 1508$$

"交叉相乘"的好处是十位上的数乘十位上的数是百位、千位上的数，个位上的数乘个位上的数是个位、十位上的数（如果个位上的数乘个位上的数是一位数，十位上用 0 占位），不会出现叠加进位，且都是一位数乘一位数，计算简单。

例 1. 计算 72×34

$$72 \times 34$$
$$= 2108 + (7 \times 4 + 2 \times 3) \times 10$$
$$= 2108 + 340$$
$$= 2448$$

例 2. 计算 47×82

$$47 \times 82$$
$$= 3214 + (4 \times 2 + 7 \times 8) \times 10$$
$$= 3214 + 640$$
$$= 3854$$

小　结

"交叉相乘"适用于任何两位数乘两位数。

新宇房间的书柜长 78 厘米、宽 36 厘米，占地面积是多少？书柜旁的小柜子柜面长 65 厘米、宽 52 厘米，柜面的面积多大？

（1）书柜占地的面积：78×36

$$= 2148 + （7 \times 6 + 8 \times 3）\times 10$$
$$= 2148 + 660$$
$$= 2808（平方厘米）$$

（2）小柜子柜面的面积：65×52

$$= 3010 + （6 \times 2 + 5 \times 5）\times 10$$
$$= 3010 + （12 + 25）\times 10$$
$$= 3010 + 370$$
$$= 3380（平方厘米）$$

独立思考练习题十三　（答案见 162 页）

用"交叉相乘"法计算下列各题。

（1）27×46　　　　（2）37×72　　　　（3）42×86

第五节 "神奇速算"

20 世纪 70 年代，13 岁的小学生魏德武在用自己上山砍的柴换来的草稿纸上反复研究，持续探索，发明了神奇的速算方法，任意两位数相乘，他 3 秒内都可以得出正确答案，且这种方法能应用于任意多位数的乘法。2010 年，经过过水根先生整理加工，由福建人民出版社出版了《神奇速算》一书。"神奇速算"法非常实用，是一个了不起的成就！现在向大家推介魏氏"神奇速算"法。

魏氏速算公式是这样的：

$\overline{AB} \times \overline{CD} = (A+1) \times C \times 100 + 速算嬗（shàn）数 \times 10 + B \times D$

这里的 $\overline{AB}$ 和 $\overline{CD}$ 分别指两位数，A 和 C 是十位上的数字，B 和 D 是个位上的数字。

这个公式说明 $\overline{AB} \times \overline{CD}$ 的积分为三项：第一项是 $(A+1) \times C \times 100$，第二项是速算嬗数，第三项是 $B \times D$。

$(A+1) \times C \times 100$ 表示第一个乘数十位上的数加 1 的和乘第二个乘数十位上的数，再乘 100 的得数是所求两数积的百位、千位上的数。$B \times D$ 表示第一个乘数的个位数乘第二个乘数的个位数的得数是所求两数积个位、十位上的数（如果得数是一位数，十位上用 0 占位）。

计算时，先算第一项和第三项：$(A+1) \times C \times 100$，$B \times D$，口诀是：**（头 +1）×头，尾×尾，两积连一起**。

例如：48×73

（头 +1）×头：$(4+1) \times 7 = 35$；尾×尾：$8 \times 3 = 24$；两积连一起：3524。

在运算中，我们把"（头 +1）×头，尾×尾，两积连一起"一步完成，直接得出：3524。

速算嬗数中的"嬗"是更替、变迁、变换的意思，为了便于理解，我们把速算嬗数称为"速算变数"。

速算变数 $= (A-C) \times D + (B+D-10) \times C$

这个速算变数的算式是小学生魏德武经反复琢磨、猜测、试算找到的，并由此算式可以推导出：

速算变数 $= (A-C) \times D + (B+D-10) \times C$

$= A \times D - C \times D + B \times C + D \times C - 10C$

$= A \times D + B \times C - 10C$（内外项积的和减去某乘数首数的 **10** 倍）

$= A \times D - (10-B) \times C$（外项积减去内项的补数积）（见《神奇速算》正文 11 页）

根据速算变数的原始公式" $(A-C) \times D + (B+D-10) \times C$"可推算出许多特殊数的简便算法（在后面，将谈到）。

我们在做两位数乘两位数的题时，求速算变数常用" $A \times D - (10-B) \times C$"即：**两乘数的外项积减去内项的补数积**〔注：把" $(10-B) \times C$"称为内项补数积是《神奇速算》一书的说法〕。（其实每个算式都有它的特殊用处，本书不做详细介绍。）为了使" $(10-B) \times C$"的积尽可能小，我们计算时在" B "的位置上放较大的数，即把个位较大的数作为第一个乘数。 $(10-B)$ 是非常好算的，我们直接用差（也就是 B 的补数）进行计算。

计算时，**除特殊乘数外，一般是将第一个乘数的头加 1。**

我们把前面讲的 48×73 计算完：

第一步，（头 +1）×头，尾×尾，两积连一起：$(4+1) \times 7 = 35$，$8 \times 3 = 24$，3524。

第二步，计算速算变数 $A \times D - (10-B) \times C$：$4 \times 3 - (10-8) \times 7 = 12 - 14 = -2$（12 - 14 不够减，差 2，我们就在 2 的前面加个减号，将其变为" -2 "，计算时带着符号走。当然，你学习了负数之后就知道这是负数 2。）

第三步，速算变数进十位，心算、口算时对着第一步算出的 3524 的十位数减 2 即可。用横式表示时，就把速算变数乘 10，即 $3524 - 2 \times 10 = 3504$。

$48 \times 73 = 3504$。

例1. 计算 （1） 84×23 （2） 23×84

这样算：第一步，（头 +1） ×头，尾×尾，两积连一起。

（1） $(8 + 1) \times 2 = 18$，$4 \times 3 = 12$，直接得出：1812

（2） $(2 + 1) \times 8 = 24$，$3 \times 4 = 12$，直接得出：2412

第二步，计算速算变数。

（1） $8 \times 3 - (10 - 4) \times 2 = 12$（一般这样算：$8 \times 3 - 6 \times 2 = 12$）

（2） $2 \times 4 - 7 \times 8 = 8 - 56 = -48$

第三步，速算变数进十位。

（1） $1812 + 12 \times 10 = 1812 + 120 = 1932$

（2） $2412 - 48 \times 10 = 2412 - 480 = 1932$

计算时不写计算过程，即：

（1） $84 \times 23 = 1932$

（2） $23 \times 84 = 1932$

这里我们看到：两个乘数交换位置，"（头 +1） ×头，尾×尾，两积连一起"的结果不同，速算变数也不同，但是最后的计算结果一定是相同的。

例2. 计算 67×28

67×28

$= 28 \times 67$

把尾数较大的乘数作为第一个乘数。

$= 1856 + [2 \times 7 - (10 - 8) \times 6] \times 10$

$= 1856 + 20$

$= 1876$

例 3. 计算 78 × 53

$$78 \times 53$$
$$= 4024 + (7 \times 3 - 2 \times 5) \times 10$$
$$= 4024 + 110$$
$$= 4134$$

小 结

用"神奇速算"法在计算过程中基本上是一位数乘一位数（只有当第一个乘数的"头"是 9，9 加 1 得 10，才会出现一位数乘 10），加减最大数是几百几十，个位数不加减，相当于加减一位数或两位数。这是一种简捷的速算方法。

"神奇速算"法适合任意两位数乘两位数。

"交叉相乘"法和"神奇速算"法相比较

（1）"交叉相乘"法和"神奇速算"法都适用于任何两位数乘两位数。

（2）"交叉相乘"法直接是"头乘头"，"神奇速算"法是"头加 1 再乘头"（一般是第一个乘数的头 + 1）。相同的都是"尾乘尾"。

（3）"交叉相乘"法积的十位上"加外项积与内项积的和"，"神奇速算"法积的十位上"加外项积减去内项补数积的差"。

由于"神奇速算"法把个位较大的数作为第一个乘数，因此"内项的补数积"会比"内项积"小，而且，"外项积减去内项的补数积的差"比"外项积加内项积的和"一定小，同时"外项积减去内项补数积的差"还可能是负数和 0。也就是说，"交叉相乘"法十位上要再加的数比用"神奇速算"法十位上要再加的数大。

（4）遇到"神奇速算"的速算变数是特殊数，计算会更简单。

用"交叉相乘"和"神奇速算"两种方法计算下面各题。

(1) 87×52 (2) 84×43

(1) 87×52

方法一: 用"交叉相乘"法

$$87 \times 52$$
$$= 4014 + (8 \times 2 + 7 \times 5) \times 10$$
$$= 4014 + (16 + 35) \times 10$$
$$= 4014 + 510$$
$$= 4524$$

方法二: 用"神奇速算"法

$$87 \times 52$$
$$= 4514 + (8 \times 2 - 3 \times 5) \times 10$$
$$= 4514 + (16 - 15) \times 10$$
$$= 4514 + 10$$
$$= 4524$$

(2) 84×43

方法一: 用"交叉相乘"法

$$84 \times 43$$
$$= 3212 + (24 + 16) \times 10$$
$$= 3212 + 400$$
$$= 3612$$

方法二: 用"神奇速算"法

$$84 \times 43$$
$$= 3612 + (24 - 24) \times 10$$
$$= 3612$$

> $24 - 24 = 0$,算到这里就不再往下算了。

温馨提示："神奇速算"法和"交叉相乘"法是两位数乘两位数的"万能方法"。也就是说，任意两位数乘两位数都可以用其简算，限于本书所讲内容，用"神奇速算"法更简单一些。

学到此我们知道，任意两位数乘两位数都可以用多种方法来计算。对于每道题，我们力求在最短的时间内找出最佳的计算方法，这就要凭自己的"计算视力"，扑捉闪算元素了。

请判断下面各题，用哪种方法计算快？

（1）75×24　（2）34×48　（3）93×94　（4）47×56　（5）84×24

自己先试一试，再和下面的解答对照一下，看一看哪种方法简单。

解答：

（1）75×24：看到偶数遇到5，用分解法。$75 \times 4 \times 6 = 300 \times 6 = 1800$。

（2）34×48：48接近50，以50为标准数计算，$(34 - 2) \times 50 + 16 \times 2 = 1632$。其实这道题最简单的方法是"神奇速算"法，$34 \times 48 = 1632 + \underline{(3 \times 8 - 6 \times 4)} \times 10$

> 差是0，就不再往下算了，直接得1632。

（3）93×94：两个乘数都接近100，以100为标准数计算，$(93 - 6) \times 100 + 7 \times 6 = 8742$。

（4）47×56：两个乘数都接近50，以50为标准数计算，$(47 + 6) \times 50 - 3 \times 6 = 2650 - 18 = 2632$。

（5）84×24：本题用分解加转换法，$21 \times 4 \times (25 - 1) = 2100 - 84 = 2016$。

温馨提示：请记住，认真审题是开始计算的第一步。审题就是看清题目，选择方法，做出决断。要不断提高自己的"计算视力"，持续扩展自己的计算空间，才能扑捉简算元素，找到最佳算法，真正做到两个数之间的"闪算"。

 # 乘法小结

（1）两个乘数是 20 以内的整数直接用口诀得积。

（2）两个乘数是 81～119 的整数以 100 为标准数进行计算简单。

（3）两个乘数是 31～69 的整数用以 50 为标准数的方法进行计算比较简单。

（4）任何两位数乘两位数都可以用"神奇速算"法和"交叉相乘"法进行简算。"神奇速算"法比"交叉相乘"法相对简单。

（5）适用于整数乘法运算的方法也适用于小数乘法运算。

新宇班上 42 名师生从北京到天津去参观科技开发区。上午坐普通客车，每张票 19 元。42 人花多少元？

下午，大家要体验城际高铁。小红指着自己那张写着 55 元的高铁票，问身旁的新宇："咱们大伙儿得花多少车费？"

新宇随口回答："42 人，花 2310 元。"

小红吃惊地看着新宇："你怎么这么快就算出来啦？"随后，小红又说："我们坐普通客车用了 1 小时 51 分钟，高铁只要 34 分钟，每个人少用的时间为 60－34＝26（分钟），26＋51＝77（分钟）。那么咱们 42 人共节约多少分钟？"

新宇说："3234 分钟。"

小红诚恳地说："给我讲讲'闪算'吧。"

"好，咱们一块研究。"

下面就是他们的解答：

（1）每张票 19 元，42 人花的钱数：19×42

$$= (20 - 1) \times 42$$

用转换法计算。

$$= 20 \times 42 - 42$$

$$= 840 - 42$$

$$= 798 （元）$$

也可以这样做：19×42

用 19×19 的口诀。

$$= 19 \times 40 + 19 \times 2$$

$$= 760 + 38$$

$$= 798 （元）$$

新宇说："很多情况下，我喜欢用'神奇速算'法，这种方法'通吃'所有的两位数乘两位数的题。"

$$19 \times 42$$

$$= 818 + (1 \times 2 - 1 \times 4) \times 10$$

$$= 818 - 20$$

$$= 798 （元）$$

（2）每张票 55 元，42 人花的钱数：

$$42 \times 55$$

$$= 21 \times (2 \times 55)$$

$$= 21 \times 110$$

先分解，再巧乘 11。

＝2310（元）

（3）42人共节约的分钟数：

77×42

＝3214＋（7×2－3×4）×10

用"神奇速算"法。

＝3214＋20

＝3234（分钟）

最后，新宇对小红说："其实每道题的闪算方法不唯一，要选择自己熟悉的简单方法来计算。"

独立思考练习题十四 （答案见162页）

1. 用"神奇速算"法计算下列各题。

（1）73×48   （2）27×36   （3）52×38

（4）34×67   （5）58×39   （6）73×82

2. 最少用4种方法计算下列各题。

（1）46×64   （2）92×87

第六节 两乘数间有 特殊关系的闪算

两乘数间有特殊关系进行闪算的算理和方法，一般可以由算式或图形推导而出。

只要速算变数等于0或者变得简单，那么这个算式就能用"神奇速算"法闪算。根据这一原理，可以推算出一些简算题目。

例如：在算式 $\overline{AB} \times \overline{CD}$ 中，如果 $A = C$，$B + D = 10$，则：

$$速算变数 = (A - C) \times D + (B + D - 10) \times C$$
$$= 0 \times D + (10 - 10) \times C$$
$$= 0$$

这类题属于"首同尾合十"。

如果 $A = C$，则：

$$速算变数 = (A - C) \times D + (B + D - 10) \times C$$
$$= 0 + (B + D - 10) \times C$$
$$= (B + D - 10) \times C$$

这类题属于"首同尾不同"。

如果……

这样继续推导，可以找到很多能闪算的题目，就可以"发现"容易闪算的题型，试一试吧。

1. "首同尾合十"

"首同尾合十"也称**"同头尾凑十"**，即十位数相同，个位数的和是10的两位数相乘。这类算式共81个。

课题:同头尾凑十

例如：27×23，十位上都是2，个位上的 $7 + 3 = 10$，27×23 属于"首同尾合十"。怎样简算 27×23 呢？

求下图中长27、宽23的长方形面积。

图中长方形各部分标注如下：外框长27、宽23，内部正方形a，上方长条c，右上角小方块d，右侧长条b，内部标注20×20，长边标注20、27，宽边标注20、23。

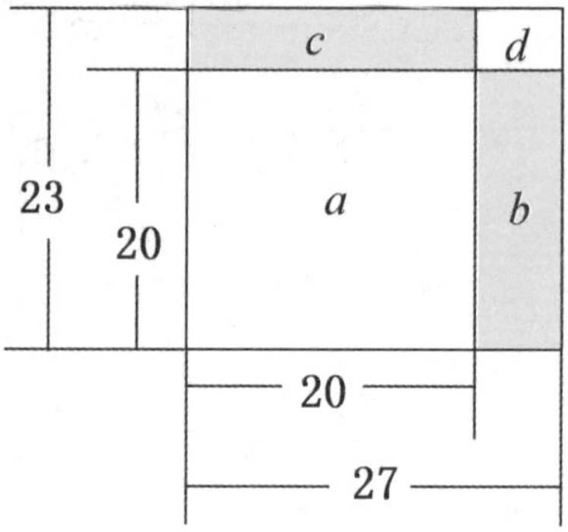

（1）正方形 a 的面积：20×20

（2）长方形 b 的面积：$20 \times (27 - 20) = 20 \times 7$

（3）长方形 c 的面积：$20 \times (23 - 20) = 20 \times 3$

（4）长方形 d 的面积：$(23 - 20) \times (27 - 20) = 7 \times 3$

（5）长27、宽23的长方形面积 $= 27 \times 23$

$=$ 正方形 a 的面积 $+$ 长方形 b 的面积 $+$ 长方形 c 的面积 $+$ 长方形 d 的面积

$= 20 \times 20 + 20 \times 7 + 20 \times 3 + 7 \times 3$

$= 20 \times 20 + 20 \times (7 + 3) + 7 \times 3$

$= 20 \times 20 + 20 \times 10 + 7 \times 3$

$= (2 \times 2) \times 100 + 2 \times 100 + 7 \times 3$

$= (4 + 2) \times 100 + 7 \times 3$

$= \underline{(2 + 1) \times 2} \times 100 + \underline{7 \times 3}$

　　　　（头 $+1$）×头　　尾×尾

$= 600 + 21$

$= 621$

从而得出"首同尾合十"的计算方法：（头＋1）×头，尾×尾，两积连一起。

如同我们前面所推导的，在算式$\overline{AB} \times \overline{CD}$中，如果$A = C$，$B + D = 10$，则：

$$\begin{aligned}
\text{速算变数} &= (A - C) \times D + (B + D - 10) \times C \\
&= 0 \times D + (10 - 10) \times C \\
&= 0
\end{aligned}$$

计算方法：（头＋1）×头，尾×尾，两积连一起。

用图形推导的算法和"神奇速算"用公式推导的算法一样。

27×23

这样算：$(2 + 1) \times 2 = 6$，$7 \times 3 = 21$，两积连一起，即621。

$27 \times 23 = 621$

例1. 计算 76×74

    $76 \times 74 = 5624$

例2. 计算 4.2×4.8

    4.2×4.8

$= 42 \times 48 \times 0.01$

$= 2016 \times 0.01$

$= 20.16$

例3. 计算 （1） 45×45 （2） 75×75

（1） $45 \times 45 = 2025$

（2） $75 \times 75 = 5625$

课题：闪算15^2、25^2 ～ 95^2

你发现了吗？15^2 ～ 95^2 都属于"首同尾合十"，又因为尾都是5，所以计算方法是：（头＋1）×头，接着写25。

拓展一　个位是 5 的平方数都属于"首同尾合十"。

例1. 计算 125^2

这样算：把 12 看作头，（头 + 1）× 头 = 13 × 12 = 156，十位、个位数为 25，连着写为 15625。

$125^2 = 15625$

例2. 计算 1115^2

这样算：把 111 看作头，（头 + 1）× 头 = 112 × 111 = 12432，十位、个位数为 25，连着写为 1243225。

$1115^2 = 1243225$

拓展二　"首同尾合十"不限于两位数乘两位数。

例1. 计算 132×138

这样算："13"是同头，尾"2"和"8"凑十，所以（13 + 1）× 13 = 182，2 × 8 = 16，连着写为 18216。

$132 \times 138 = 18216$

例2. 计算 9997×9993

$9997 \times 9993 = 99900021$

拓展三　有些分数乘法题属于"首同尾合十"。

例1. 计算 $5\frac{1}{4} \times 5\frac{3}{4}$

题目特征：带分数的整数部分相等，分数部分相加的和是 1。

$5\frac{1}{4} \times 5\frac{3}{4}$

$= 6 \times 5 + \frac{1}{4} \times \frac{3}{4}$

$= 30\frac{3}{16}$

带分数的分数部分是 $\frac{1}{2}$ 的平方数时，都属于"首同尾合十"。

例2. 计算 $\left(8\dfrac{1}{2}\right)^2$

$$\left(8\dfrac{1}{2}\right)^2$$

$$=9\times 8+\dfrac{1}{2}\times\dfrac{1}{2}$$

$$=72\dfrac{1}{4}$$

拓展四　可以转化成"首同尾合十"。

例1. 计算 57×54

$$57\times 54$$

$$=57\times(53+1)$$

$$=57\times 53+57$$

$$=3021+57$$

$$=3078$$

例2. 计算 53×67

$$53\times 67$$

$$=53\times(57+10)$$

$$=53\times 57+53\times 10$$

$$=3021+530$$

$$=3551$$

　　妈妈把 24000 元放在银行整存整取 3 个月，利率 2.6%，到期能获利多少？

| 624 元是 3 个月的获利吗？ |

$$24000\times 2.6\%=24\times 26=624（元）$$

$$624\div 12\times 3=156（元）$$

| 156 元才是 3 个月的获利哦！ |

一学就会的闪算(第2版)

独立思考练习题十五 （答案见162页）

1. 闪算下列各题。

（1） 72×78 （2） 36×34 （3） 126×124 （4） 9992×9998

2. 求平方数。

（1） 15^2，25^2，35^2，$\cdots$，95^2

（2） 195^2，105^2，9995^2

3. 计算下列各题。

（1） $4\frac{1}{3} \times 4\frac{2}{3}$ （2） $13\frac{1}{2} \times 13\frac{1}{2}$

4. 请你给自己出4道"首同尾合十"的题目，算一算，再验算结果。

2. "合十重复数"

一个乘数十位、个位上的数字之和是10，另一个乘数十位、个位上的数字是重复数。例如：64×55，64 的十位、个位上的数字之和是10，55 是重复数。

"合十重复数"的计算方法可以通过图形推导出来。如下图所示，求长64、宽55的长方形面积。

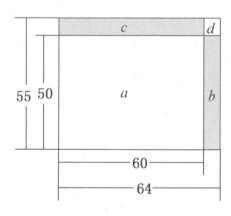

94

（1）长方形 a 的面积：60×50

（2）长方形 b 的面积：$50 \times (64-60) = 50 \times 4$

（3）长方形 c 的面积：$60 \times (55-50) = 60 \times 5$

（4）长方形 d 的面积：$(64-60) \times (55-50) = 4 \times 5$

（5）长 64、宽 55 的长方形面积 $= 64 \times 55$

$\quad$ = 长方形 a 的面积 + 长方形 b 的面积 + 长方形 c 的面积 +

$\quad\quad$ 长方形 d 的面积

$\quad = 60 \times 50 + 50 \times 4 + 60 \times 5 + 4 \times 5$

$\quad = 6 \times 500 + 200 + 300 + 4 \times 5$

$\quad = 6 \times 500 + 500 + 4 \times 5$

$\quad = \underline{(6+1) \times 5 \times 100} + \underline{4 \times 5}$

$\quad\quad\quad\quad\quad\downarrow \quad\quad\quad\quad\quad\quad \downarrow$

$\quad$（头 + 1）×头　　尾 × 尾

$\quad = 3520$

由此可以得出：

"合十重复数" 计算方法：（头 + 1）×头，尾 × 尾，两积连一起。

在《神奇速算》法中，如果，$A+B=10$，$C=D$，那么：

速算变数 $= A \times D + B \times C - 10C$

$\quad\quad\quad\quad\quad = A \times C + B \times C - 10C$

$\quad\quad\quad\quad\quad = (A+B-10) \times C$

$\quad\quad\quad\quad\quad = 0$

计算方法：（头 +1）×头，尾 × 尾，两积连一起。

注意：这里的速算变数的算法和"首同尾合十"的算法不一样。在我们学习"神奇速算"法时曾谈到速算变数有几种形式，不同的形式在不同处各有方便之处。

64 × 55

这样算：64 × 55 是"合十重复数"，（6 + 1）× 5 = 35，4 × 5 = 20，两积连一起为 3520。

64 × 55 = 3520

注意："合十数"的首数加 1。

例 1. 计算 28 × 44

这样算：（2 + 1）× 4 = 12，8 × 4 = 32，两积连一起为 1232。

28 × 44 = 1232

例 2. 用两种方法计算 99 × 37

方法一：按"合十重复数"计算。37 × 99，（3 + 1）× 9 = 36，7 × 9 = 63，两数连一起为 3663。

方法二：按"两位数 × 99 的'去 1 添补'法"计算。37 − 1 = 36，接着写补数 63，即 3663。

两种方法的算式一样，即

99 × 37 = 37 × 99 = 3663

对于这道题，用以上两种方法中的哪一种进行计算都很简单哦。

拓展　转化成"合十重复数"。

例 1. 计算 82 × 68

$$82 × 68$$
$$= 82 × （66 + 2）$$
$$= 82 × 66 + 82 × 2$$
$$= 5412 + 164$$
$$= 5576$$

例 2. 计算 74 × 33

$$74 × 33$$
$$= （73 + 1）× 33$$

$$= 73 \times 33 + 33$$
$$= 2409 + 33$$
$$= 2442$$

独立思考练习题十六 （答案见 163 页）

1. 计算下列各题。

（1） 66×73 （2） 37×44 （3） 7.3×22

2. 填一填，算一算，看一看有多少个"合十重复数"算式，其中又包含几个"首同尾合十"算式。

	11	22	33	44	55	66	77	88	99
19	19×11								
28		28×22							
37			37×33						
46				46×44					
55					55×55				
64						64×66			
73							73×77		
82								82×88	
91									91×99

3. 请你给自己出 4 道"合十重复数"的题目，算一算，再验算结果。

3."尾同首合十"

"尾同首合十"也称**"首合十尾相同""同尾头凑十"**，即两个乘数的十位上的数之和是 10，个位上的数相同。例如：83×23，个位上都是 3，十位上 $8 + 2 = 10$。

计算 83×23

$$
\begin{array}{r}
8\ 3 \\
\times\ 2\ 3 \\
\hline
1\ 6\ 0\ 9 \quad \cdots\cdots\ (2 \times 8)\ \times 100 + 3 \times 3 \\
3\ 0\ 0 \quad \cdots\cdots\ 3 \times 80 + 3 \times 20 = 3 \times 100 \\
\hline
1\ 9\ 0\ 9 \\
\downarrow\qquad \downarrow
\end{array}
$$

（头×头＋尾） 尾×尾

$83 \times 23 = 1909$

计算 42×62

竖式可得：

$$
\begin{array}{r}
4\ 2 \\
\times\ 6\ 2 \\
\hline
2\ 4\ 0\ 4 \\
2\ 0\ 0 \\
\hline
2\ 6\ 0\ 4 \\
\downarrow\qquad \downarrow
\end{array}
$$

（头×头＋尾） 尾×尾

$42 \times 62 = 2604$

因此，"尾同首合十"的闪算方法：头×头＋尾，尾×尾，两数连一起。

上面两道题这样计算：

83×23

$= (8 \times 2 + 3) \times 100 + 3 \times 3$

$= 1900 + 9$

$= 1909$

42×62

$= (4 \times 6 + 2) \times 100 + 2 \times 2$

$= 2604$

例 1. 计算 67×47

这样算： $6 \times 4 + 7 = 31$ ， $7 \times 7 = 49$ ，两数连一起为 3149。

$67 \times 47 = 3149$

例 2. 计算 7.6×3.6

$\quad 7.6 \times 3.6$

$= 76 \times 36 \times 0.01$

$= 2736 \times 0.01$

$= 27.36$

独立思考练习题十七 （答案见163页）

1. 计算下列各题。

（1） 27×87 　　（2） 38×78 　　（3） 87×2.7

2. 已知一个乘数是 73，请写出所有符合"尾同首合十"的整数乘法算式。

3. 请你给自己出 4 道"尾同首合十"的题目，算一算，再验算结果。

4. "合九连续数"

"合九连续数"：一个乘数的十位上的数与个位上的数之和是 9，另一个乘数的个位上的数比十位上的数大 1。例如， 27×34 ，27 是合九数，34 是连续数。

在"神奇速算"法中，如果， $A + B = 9$ ， $C = D - 1$ ，则 $A = 9 - B$ ，那么

$\quad$ 速算变数 $= A \times D - (10 - B) \times C$

$\qquad\qquad = (9 - B) \times D - (10 - B) \times (D - 1)$

$\qquad\qquad = (10 - B) - D$

"合九连续数"的计算公式 $= (A + 1) \times C \times 100 + B \times D +$ 速算变数 $\times 10$

$\qquad\qquad = (A + 1) \times C \times 100 + B \times D + 10 \times (10 - B) - 10 \times D$

$$= (A+1) \times C \times 100 + 10 \times (10-B) - (10-B) \times D$$

$$= (A+1) \times C \times 100 + (10-B) \times (10-D)$$

"合九连续数" 的 计算方法：（头 +1）×头，尾补×尾补（尾数的补数×尾数的补数），两积连着写。

$$27 \times 34 = 918$$

注意：合九数的头加1。这种算法是"神奇速算"法独有的。

例1. 计算 18 × 45

这样算：（头 +1）×头，$2 \times 4 = 8$，尾补×尾补，（10 - 8）×（10 - 5）= 10，两积连着写为 810。

$$18 \times 45 = 810$$

例2. 计算 7.2 × 0.23

$$7.2 \times 0.23$$
$$= 72 \times 23 \times 0.001$$
$$= 1656 \times 0.001$$
$$= 1.656$$

独立思考练习题十八 （答案见163页）

1. 计算下列各题。

（1） 36 × 89　　（2） 72 × 56　　（3） 0.63 × 23

2. 已知一个乘数是27，请写出所有符合"合九连续数"的整数乘法算式。

3. 请你给自己出4道"合九连续数"的题目，算一算，再验算结果。

5. "尾数都是1"

"尾数都是1"即几十一乘几十一，例如：41 × 91。

几十一乘几十一的闪算方法：头×头，头+头（满十进1），尾是1，三数连着写。

本方法从下列计算中得出：

题1. 计算 31×21

$$
\begin{array}{r}
3\ 1 \\
\times\ 2\ 1 \\
\hline
3\ 1 \\
6\ 2\ \ \\
\hline
6\ 5\ 1
\end{array}
$$

$2 \times 3 = 6,$即头 $\times$ 头。

$1 \times 1 = 1,$即尾是 1。

$2 + 3 = 5,$即头 $+$ 头。

所以，$31 \times 21 = 651$。

题2. 计算 81×41

$$
\begin{array}{r}
8\ 1 \\
\times\ 4\ 1 \\
\hline
8\ 1 \\
3\ 2\ 4\ \ \\
\hline
3\ 3\ 2\ 1
\end{array}
$$

$4 \times 8 = 32$(再加进位 1 为 33)，即头 $\times$ 头。

$1 \times 1 = 1,$即尾是 1。

$8 + 4 = 12,$即头 $+$ 头，满 10 向前位进 1。

所以，$81 \times 41 = 3321$。

也可以这样推导出：

$$(10a + 1) \times (10b + 1)$$
$$= 10a \times 10b + 10a + 10b + 1$$
$$= 100ab + 10(a + b) + 1$$

例1. 计算 41×21

这样算：头×头，$4 \times 2 = 8$；头+头，$4 + 2 = 6$；个位上是1，三数连一起为861。

$41 \times 21 = 861$

例2. 计算 51×61

$51 \times 61 = 3111$

独立思考练习题十九 （答案见163页）

1. 计算下列各题。

(1) 31×61 (2) 51×71 (3) 91×0.81

2. 请你给自己出4道"尾数都是'1'"的题目，算一算，并验算结果。

6. "首异尾是5"

"首异尾是5"即几十五乘几十五，例如：45×85 就是"首异尾是5"。

我们从下面算式中探讨"首异尾是5"的闪算方法。

题1. 计算 45×85

$$
\begin{array}{r}
45 \\
\times \quad 85 \\
\hline
225 \\
+360 \\
\hline
3825
\end{array}
$$

$225 \longrightarrow 40 \times 5 + 5 \times 5$

$+360 \longrightarrow 80 \times 40 + 80 \times 5$

$\left.\begin{array}{c} \\ \end{array}\right\}$ $80 \times 40 + (80 + 40) \times 5 + 5 \times 5$

$= (8 \times 4) \times 100 + (8 + 4) \div 2 \times 100 + 25$

$= [8 \times 4 + (8 + 4) \div 2] \times 100 + 25$

头×头+（头+头）÷2   十位、个位上的数是2、5。

$45 \times 85 = 3825$

题2. 计算 35×85

$$
\begin{array}{r}
35 \\
\times\ 85 \\
\hline
175 \\
+\ 280 \\
\hline
2975
\end{array}
$$

$175 \longrightarrow 30 \times 5 + 5 \times 5$

$+ 280 \longrightarrow 80 \times 30 + 80 \times 5$

$80 \times 30 + (80+30) \times 5 + 5 \times 5$

$= (8 \times 3) \times 100 + (8+3) \div 2 \times 100 + 25$

$= (8 \times 3) \times 100 + (8+3) \div 2 \times 100 + 25$

$= [8 \times 3 + (8+3) \div 2] \times 100 + 75$

头×头+（头+头）÷2取整　　　　十位、个位上的数是7、5。

$35 \times 85 = 2975$

由此，我们得出"首异尾是5"的闪算方法：

（1）两个乘数的首数之和是偶数，则百位、千位上的数就是"头×头+（头+头）÷2"，末两位是25。

（2）两个乘数的首数之和是奇数，则百位、千位上的数就是"头×头+（头+头）÷2取整"，末两位是75。

例1. 计算 25×45

这样算：$2 \times 4 + (2+4) \div 2 = 11$，千位上的数是1、百位上的数也是1，尾数是25，两数连着写为1125。

$25 \times 45 = 1125$

例2. 计算 35×65

这样算：$3 \times 6 = 18$，$(3+6) \div 2 = 4 \cdots\cdots 1$，取整数4，$18 + 4 = 22$，千位、百位上的数都是2，尾数是75，两数连着写为2275。

$35 \times 65 = 2275$

"几十五乘几十五"是"首异尾合十"的特例。

一学就会的闪算(第2版)

"**首异尾合十**",即十位上的数字不相同,个位上的数之和是10的两位数相乘,例如:37×63,首数一个3,一个6,尾数7+3=10。

在"神奇速算"法中,如果,$B+D=10$,那么:

速算变数 $=(A-C)\times D+(B+D-10)\times C=(A-C)\times D$

"**首异尾合十**"计算方法:(头+1)×头,尾×尾,两积连一起;再加上(头-头)×后尾×10。

例如:计算56×24

$$56\times24$$
$$=1224+(5-2)\times4\times10$$
$$=1224+120$$
$$=1344$$

用此法计算例1的25×45

$$25\times45$$
$$=1225+(2-4)\times50$$
$$=1225-100$$
$$=1125$$

用此法计算例2的35×65

$$35\times65$$
$$=2425+(3-6)\times50$$
$$=2425-150$$
$$=2275$$

 小 结

(1) 首异尾合十   首异尾是5

(2) 以上六种闪算是很容易学会的,计算正确率高。

独立思考练习题二十　（答案见 163 页）

1. 计算下列各题。

(1) 25 × 65　　(2) 75 × 45　　(3) 23 × 57

2. 请你给自己出 2 道"首异尾合十"和 2 道"首异尾是 5"的题目，算一算，并验算结果。

　　星期六，新宇高高兴兴地和爸爸、妈妈一块去游泳。新宇说："我今天只游蛙泳。"新宇蛙泳每分钟游 43 米，结果累计游了 63 分钟。妈妈蛙泳和仰泳交叉着游，蛙泳每分钟游 32 米，累计游了 38 分钟，仰泳每分钟游 28 米，累计游了 22 分钟。爸爸一会儿蝶泳、一会儿自由泳地游着。爸爸游蝶泳的速度提高到每分钟 45 米，游自由泳的速度是每分钟 51 米。离开游泳池时，新宇对爸爸说："您蝶泳游得好多了。您蝶泳和自由泳各游了多长时间？"爸爸回答道："我蝶泳游了 18 分钟，自由泳游了 21 分钟。"算一算他们三人各种泳姿都游了多少米。

┌─────────────────┐
│ "尾同首合十"。 │
└─────────────────┘

(1) 新宇游蛙泳：43 × 63 = 2709（米）

┌─────────────────┐
│ "首同尾合十"。 │
└─────────────────┘

(2) 妈妈游蛙泳：32 × 38 = 1216（米）

（3）妈妈游仰泳：$28 \times 22 = 616$（米）

"合十重复数"。

（4）爸爸游蝶泳：$45 \times 18 = 18 \times 45 = 810$（米）

"合九连续数"。

（5）爸爸游自由泳：$51 \times 21 = 1071$（米）

"尾数都是1"。

新宇和爸爸、妈妈乘飞机去成都姥姥家过年。他们乘坐的是空客 A320，今天飞机满员，即乘客为 150 人。爸爸说："按每个乘客平均重 75 千克计算，150 人重多少？每个乘客可以托运行李 20 千克，随身手提行李 5 千克，托运的行李码放在机身下边，手提行李放在我们头顶的行李架上，也就是说，实际每人可以携带 25 千克行李，再多就要另缴费。我们按每人 25 千克计算，150 人的行李重多少千克？"

（1）150 人重：

$$75 \times 150$$

$$= 75 \times 15 \times 10$$

首异尾是5。

$$= 11250 \text{（千克）}$$

（2）150 人的行李重：

25×150

$= (20 + 5) \times 15 \times 10$　或　$= 25 \times 15 \times 10$

首异尾是 5。

$= (300 + 75) \times 10$　　　$= 3750$

$= 3750$（千克）

新宇说："那这架飞机的载重量就是 11250 + 3750 = 15000 千克。"

爸爸说："你这就算出载重量啦？再观察观察吧。"

"哦，还有机组人员。"

"一会儿还要吃饭呢。"

"还有毛毯，报纸……有些东西我们看不见，不好算载重量。"

爸爸说："考虑问题要注意全面哦！"

有的同学说，我就学习上面六种闪算方法了。可以。我们不是会"神奇速算"法嘛，凡是用"速算变数"公式推导出的简算，我们按"神奇速算"的一般方法计算，它的"速算变数"也会变得简单。我们可以从下面例题中体会。

例 1. 计算 （1）26×48　　（2）36×68

（1）　　26×48

　　　$= 1248 + (2 \times 8 - 4 \times 4) \times 10$

　　　$= 1248$

算到这儿，就不用再往下算了。

（2）$36 \times 68 = 2448$

温馨提示：这两道题是"神奇速算"中隐含条件能简算的题，"速算变数"都是 0。所以，我们闪算时算到"（头 + 1）× 头，尾 ×

尾，两积连着写"，发现"速算变数"是0，就不用再注下计算了。

例2. 计算（1）85×53　　（2）49×72

（1）　　85×53
　　　　=4515+（24-25）×10
　　　　=4505

（2）　　49×72
　　　　=3518+（8-7）×10
　　　　=3528

温馨提示：这两道题的"速算变数"一个是"-1"，另一个是"1"。例1和例2中的四道题都是能简算的，我们没有单独讲，是因为用"神奇速算"的一般方法计算这类题就可以闪算了，不必再多记简算类型题了。

例3. 计算（1）67×72　　（2）49×32

（1）　　67×72
　　　　=4814+（49-48）×10
　　　　=4814+10
　　　　=4824

（2）　　49×32
　　　　=1518+（8-3）×10
　　　　=1518+50
　　　　=1568

温馨提示：（1）题可称为"首差1，尾合9"（"神奇速算"独有的速算法），（2）题是"首差1，尾合11"。这两道题"首差1"，计算时要把大乘数放在前面，它们的"速算变数"是不是也很简单啊。

总之，这些题即使用"神奇速算"的一般方法，它们的"速算变数"也是简单的，所以我们不再介绍其他简单类型的题目了。

一天，爸爸、妈妈买回来雕着花的套桌（还是叫套椅？新宇说不清楚，反正套在一起），一会儿就被妈妈一分为三：最大个的成了两个高椅子之间的茶几；中等个的放在立式空调旁边，上面放上了妈妈最喜欢的那盆花，它做了花架；最小个的，被爸爸搬到书橱旁，正好放下，上面摆上了全家都喜欢的紫水晶石。"甚是合适，甚是合适，太漂亮了!"新宇拿腔拿调地赞赏着，从内心佩服爸妈的眼力。爸爸笑着对他说："这可都是你妈的主意哦。"

　　新宇拿了把尺子，开始做他喜欢的事。他自言自语道："高度不用量，它们都按自己的高矮分好工了。我来算一算它们的面积。"在新宇的本子上记下：最大个的长 56 厘米、宽 45 厘米；中等个的长 41 厘米、宽 31 厘米；最小个的长 36 厘米、宽 23 厘米。

　　你知道新宇算出的大（茶几）、中（花架）、小（石台）的面积是多少吗？

　　（1）大（茶几）的面积：

$$56 \times 45$$

以 50 为标准数计算。

$$= (56 - 5) \times 50 - 6 \times 5$$

$= 51 \times 50 - 30$

$= 2550 - 30$

$= 2520$ （平方厘米）

（2）中（花架）的面积：

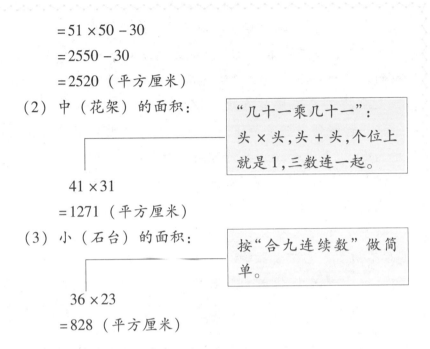

"几十一乘几十一"：
头×头，头＋头，个位上
就是1，三数连一起。

41×31

$= 1271$ （平方厘米）

（3）小（石台）的面积：

按"合九连续数"做简单。

36×23

$= 828$ （平方厘米）

独立思考练习题二十一 （答案见164页）

计算下列各题。

（1）43×46 （2）68×61

（3）68×63 （4）72×7.9

第七节　　计算与推理

计算不仅是寻求结果，也是解决问题的思考过程。在思考问题的过程中，需要我们厘清相关的逻辑关系，进行合情合理的推理。有时不需要计算出结果，就可以得出结论。

1. 看图推理计算

例 1. 看图写出算式

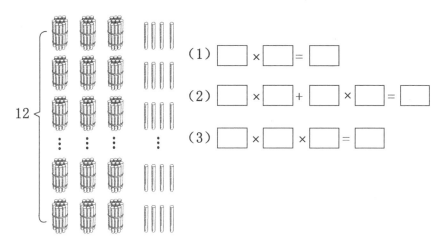

(1) $\boxed{} \times \boxed{} = \boxed{}$

(2) $\boxed{} \times \boxed{} + \boxed{} \times \boxed{} = \boxed{}$

(3) $\boxed{} \times \boxed{} \times \boxed{} = \boxed{}$

从上面的小棒图中可以知道，一个乘数是 34，另一个乘数是 12。由此推理出（1）34×12 或者 12×34。

同样可以推理出（2）$34 \times 10 + 34 \times 2$ 或者 $34 \times 5 + 34 \times 7 \cdots\cdots$

同样可以推理出（3）$34 \times 6 \times 2$ 或者 $34 \times 3 \times 4$。

同样可以推理出 $30 \times 12 + 4 \times 12$ 或者 $12 \times 30 + 12 \times 4$

$\qquad\qquad 20 \times 12 + 14 \times 12$ 或者 $12 \times 20 + 12 \times 14$

$\qquad\qquad 10 \times 12 + 24 \times 12$ 或者 $12 \times 10 + 12 \times 24$

$\qquad\qquad \cdots\cdots$

（1）$34 \times 12 = 408$

（2）$34 \times 2 + 34 \times 10$

$\quad = 68 + 340$

$\quad = 408$

（3）$34 \times 6 \times 2$

$\quad = 204 \times 2$

$\quad = 408$

一学就会的闪算(第2版)

例2. 下面的图表示 $a \times b$ 的竖式。a 是两位数，b 是几位数呢？

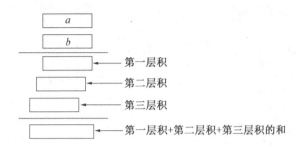

判断 b 是几位数，要看竖式有几层积，一般情况下，有三层积 b 就是三位数。因为 b 的每个数位上的数都要与 a 相乘。但是也有可能 b 是四位数，十位或者百位上的数是 0，由此推断 b 至少是三位数。

例3. $\overline{abcd}$ 表示四位数，依据下面的信息，推理 a，b，c 分别表示几。

$$\frac{\square\,0\,\square}{4\,\overline{)a\ b\ c\ d}}$$

由上面信息得知这是 1 个四位数除以 4，商是三位数且中间有 0。由此可以进行分类讨论。

（1）a 在千位上，商的千位没有数，说明 a 小于 4，a 可能是 1，2，3。

（2）讨论 b 是几，要考虑 a 是几。a 和 b 构建的数一定是 4 的倍数，如果 a 和 b 构建的数不是 4 的倍数则会出现余数。例如，a 表示 1，b 表示 3，$13 \div 4$ 有余数 1。1 和 c 表示的数构建出 10，12，14，…这些数除以 4，商的十位上都不会出现"0"。由此可知，a 和 b 构建的数一定是 4 的倍数。

（3）讨论 c 是几，要考虑 a 和 b 是几。a 和 b 构建的数是 4 的倍数，则 c 表示的数是 0、1、2、3。

分类讨论之后再综合看问题。如下表所示。

a	b	c	d	
1	2, 6	0, 1, 2, 3	1, 2, 3, ⋯	
2	0, 4, 8	0, 1, 2, 3	1, 2, 3, ⋯	在搭配中要尽可能做到不同的字母表示不同的数。
3	2, 6	0, 1, 2, 3	1, 2, 3, ⋯	

如果 a 表示1、b 表示2、c 表示0，则 d 不能表示0，因为 $1200 \div 4$ 商的个位上的数是0，不符合题意。

此题有多种答案，只要满足条件即可。

2. 一个数能被 2、5 和 3 除尽的计算

在小学阶段研究数的整除是有范畴的。例如：$a \div b = c$，a，b，c 都是非 0 的自然数，我们说 a 能被 b 整除。

哪些数能被 2，5，3 整除呢？这些数具有哪些特征？特征如下。

能被 2 整除的数的特征：个位上是 0，2，4，6，8 的数。

能被 5 整除的数的特征：个位上是 0 或 5 的数。

能被 3 整除的数的特征：一个数各位上的数之和是 3 的倍数。

在小学数学中还有一个概念叫作"除尽"。

例如：

$$4.5 \div 0.3 = 15$$

$$\frac{5}{8} \div \frac{2}{3} = \frac{15}{16}$$

$$18 \div 4 = 4.5$$

$a \div b = c$，b 不得为0。

以上算式中的被除数、除数、商不受自然数的限制。依旧可以用能被 2，5，3 整除的数的特征进行闪算。

一学就会的闪算(第2版)

例1. 判断算式13÷2 能被整除还是能被除尽?

13÷2,13 个位上的数是3,13 不能被2 整除。如果把13 变成13.0,十分位上出现0,13.0 就能被2 除尽。

例2. 说一说31.2÷3 为什么可以用能被3 整除的方法进行判断。

借用数位顺序来理解。

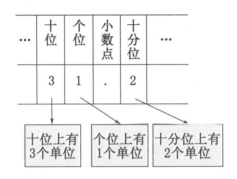

31.2 共用了6 个单位。6 是3 的倍数,所以31.2 能被3 除尽。

再如,31.2÷0.3、31.2÷0.03、3.12÷0.3 也可以用这样的方法进行判断,它们的被除数都能被除数除尽。

例3. 下面各组中哪个算式的结果可以用有限小数表示?

(1) 7÷4 和0.7÷1.4

(2) 1.3÷1.5 和 $1\frac{6}{25}÷2.5$

(1) $7÷4=\frac{7}{4}$,因为分母4 能被2 整除,所以7÷4 的计算结果能用有限小数表示。7÷4=1.75。

$0.7÷1.4=\frac{0.7}{1.4}=\frac{0.1}{0.2}$,因为分母0.2 能被2 除尽,所以0.1÷0.2 的计算结果能用有限小数表示。0.7÷1.4=0.5。

(2) $1.3÷1.5=\frac{1.3}{1.5}=\frac{13}{15}$,因为分母15 不仅能被5 整除,还能被3 整除,所以13÷15 不能用有限小数表示,1.3÷1.5=0.86。

$1\dfrac{6}{25} \div 2.5 = 1.24 \div 2.5 = \dfrac{1.24}{2.5}$，因为分母 2.5 能被 5 除尽，所以

$\dfrac{1.24}{2.5}$ 能用有限小数表示计算结果，即 $1\dfrac{6}{25} = 0.496$。

3. 用积变与不变的规律计算

两个数相乘，一个乘数乘一个数（0 除外），另一个乘数除以相同的数，积不变。

两个数相乘，一个乘数乘或除以一个数（0 除外），另一个乘数不变，积会随着变化的乘数而变化。

例 1. 依据 $4.5 \times 2.5 = 11.25$，不计算，推理出下面各题的答案。

　　　　（1）45×25　　　（2）4.5×0.25

　　　　（3）45×0.25　　（4）450×0.25

（1）45×25 与 4.5×2.5 比较，两个乘数都乘 10，积就乘 100 了，因此 $45 \times 25 = 1125$。

（2）4.5×0.25 与 4.5×2.5 比较，4.5 没有变化，$2.5 \div 10 = 0.25$，积也除以 10，因此 $4.5 \times 0.25 = 1.125$。

（3）45×0.25 与 4.5×2.5 比较，一个乘数乘 10，另一个乘数除以 10，积不变，因此 $45 \times 0.25 = 11.25$。

（4）450×0.25 与 4.5×2.5 比较，一个乘数乘 100，另一个乘数除以 10，积会变大，因此 $450 \times 0.25 = 112.5$。

例 2. 不计算，推理出与 $\dfrac{5}{8} \times \dfrac{3}{4}$ 结果相等的算式。

　　　（1）$\dfrac{5}{16} \times \dfrac{3}{8}$　　　　（2）$\dfrac{50}{80} \times \dfrac{30}{40}$

　　　（3）0.625×0.75　　　（4）$\dfrac{5+15}{8+24} \times \dfrac{3+9}{4+12}$

（1）$\dfrac{5}{16} \times \dfrac{3}{8}$ 与 $\dfrac{5}{8} \times \dfrac{3}{4}$ 比较，两个乘数都变小了，因此，$\dfrac{5}{16} \times \dfrac{3}{8} <$

$\dfrac{5}{8} \times \dfrac{3}{4}$。

（2）$\dfrac{50}{80} \times \dfrac{30}{40}$ 与 $\dfrac{5}{8} \times \dfrac{3}{4}$ 比较，两个乘数的分子、分母都乘 10，分数大小不变，因此，$\dfrac{50}{80} \times \dfrac{30}{40} = \dfrac{5}{8} \times \dfrac{3}{4}$。

（3）0.625×0.75 与 $\dfrac{5}{8} \times \dfrac{3}{4}$ 比较，$0.625 = \dfrac{5}{8}$，$0.75 = \dfrac{3}{4}$，因此 $0.625 \times 0.75 = \dfrac{5}{8} \times \dfrac{3}{4}$。

（4）$\dfrac{5+15}{8+24} \times \dfrac{3+9}{4+12}$ 与 $\dfrac{5}{8} \times \dfrac{3}{4}$ 比较，$\dfrac{5+15}{8+24} = \dfrac{20}{32} = \dfrac{5}{8}$，$\dfrac{3+9}{4+12} = \dfrac{12}{16} = \dfrac{3}{4}$，因此，$\dfrac{5+15}{8+24} \times \dfrac{3+9}{4+12} = \dfrac{5}{8} \times \dfrac{3}{4}$。

与 $\dfrac{5}{8} \times \dfrac{3}{4}$ 结果相等的算式是（2）、（3）、（4）。

例 3. 有甲、乙和丙三块三角形的地，具体信息如下表所示。把三块地的面积按由小到大的顺序排列。

名称	底（米）	高（米）
甲	a	b
乙	$2a$	$\dfrac{1}{4}b$
丙	$0.5a$	$3b$

首先回顾三角形面积公式：底×高÷2，字母表达式为 $S = a \times h \div 2$。

接着写出每个三角形的面积，然后再比较大小，最后进行有序排列。

方法一：枚举法

令甲三角形 a（底）表示 10，b（高）表示 12，它的面积是：$\dfrac{10 \times 12}{2} = 60$（平方米）。

则乙三角形的底是 $2a = 2 \times 10$，高是 $\frac{1}{4}b = 12 \times \frac{1}{4}$，它的面积是

$$\frac{(2 \times 10) \times (12 \times \frac{1}{4})}{2} = 30 \text{（平方米）}。$$

丙三角形的底是 $0.5a = 0.5 \times 10$，高是 $3b = 3 \times 12$，它的面积是

$$\frac{(0.5 \times 10) \times (3 \times 12)}{2} = 90 \text{（平方米）}。$$

由此推出：乙三角形面积 < 甲三角形面积 < 丙三角形面积。

方法二：用积变与不变的规律判断

以甲三角形面积为标准数，写出其他三角形面积。

甲三角形面积是：$a \times b \ \boxed{\div 2}$

乙三角形面积是：$2a \times \frac{1}{4}b \ \boxed{\div 2}$

丙三角形面积是：$0.5a \times 3b \ \boxed{\div 2}$

在推理过程中只分析底和高的变化，"$\div 2$"可以忽略不分析。

甲：$a \quad \times \quad b$

$\quad\quad \downarrow \times 2 \quad\quad \downarrow \div 4$

乙：$2a \quad \times \quad \frac{1}{4}b$

根据积的变化规律，得到乙三角形面积小于甲三角形面积。

甲：$a \quad \times \quad b$

$\quad\quad \downarrow \times 0.5 \quad\quad \downarrow \times 3$

丙：$0.5a \quad\quad 3b$

根据积的变化规律，得到丙三角形面积大于甲三角形面积。

则乙三角形面积 < 甲三角形面积 < 丙三角形面积。

例 4. 用积的变化规律写出小于或大于 $(2x+3) \times (x-5)$ 的式子。

把 $(2x+3) \times (x-5)$ 看成标准数。把 $2x+3$ 看成一个乘数，$(x-5)$ 看成另一个乘数。用积的变化规律找到大于或小于 $(2x+3) \times (x-5)$ 的式子。

方法一：枚举法

$$\begin{array}{ccc} \underline{(2x+3)} & \times & \underline{(x-5)} \\ \Big\downarrow \times 10 & & \Big\downarrow \times 10 \end{array}$$

$$\big[(2x+3)\times 10\big] \times \big[(x-5)\times 10\big]$$

$$\big[(2x+3)\times 10\big] \times \big[(x-5)\times 10\big] > (2x+3)\times(x-5)$$

$$\begin{array}{ccc} \underline{(2x+3)} & \times & \underline{(x-5)} \\ \Big\downarrow \div 10 & & \Big\downarrow \div 100 \end{array}$$

$$\big[(2x+3)\div 10\big] \times \big[(x-5)\div 100\big]$$

$$\big[(2x+3)\div 10\big] \times \big[(x-5)\div 100\big] < (2x+3)\times(x-5)$$

用枚举法可以找到很多闪算例子。

方法二：推理法

以 $(2x+3)\times(x-5)$ 为标准数，把 $(2x+3)$ 和 $(x-5)$ 看成两个乘数，从同时乘相同数的角度分析：

$$\begin{array}{ccc} \underline{(2x+3)} & \times & \underline{(x-5)} \\ \Big\downarrow \times a & & \Big\downarrow \times a \end{array}$$

$$\big[(2x+3)\times a\big] \times \big[(x-5)\times a\big]$$

如果 $a=0$，原式 $> \big[(2x+3)\times a\big] \times \big[(x-5)\times a\big]$

如果 $a=1$，原式 $= \big[(2x+3)\times a\big] \times \big[(x-5)\times a\big]$

如果 $a<1$，原式 $> \big[(2x+3)\times a\big] \times \big[(x-5)\times a\big]$

如果 $a>1$，原式 $< \big[(2x+3)\times a\big] \times \big[(x-5)\times a\big]$

从同时除以相同数的角度分析：

$$\begin{array}{ccc} \underline{(2x+3)} & \times & \underline{(x-5)} \\ \Big\downarrow \div a & & \Big\downarrow \div a \end{array}$$

$$\dfrac{2x+3}{a} \times \dfrac{x-5}{a}$$

提示：a 不能为 0。

如果 $a=1$，原式 $= \dfrac{2x+3}{a} \times \dfrac{x-5}{a}$

如果 $a>1$，原式 $> \dfrac{2x+3}{a} \times \dfrac{x-5}{a}$

如果 $a < 1$，原式 $< \dfrac{2x+3}{a} \times \dfrac{x-5}{a}$

用推理法找答案时，一定要注明 a 的取值（此题答案不唯一）。

例5. 某工厂要加工一批镜框，所有镜框的面积相等。加工单如下表所示。

类别	长	宽	加工数量
1号	8分米	3分米	4个
2号	6分米	（ ）分米	10个
3号	（ ）分米	2.5分米	8个
4号	1.6米	（ ）米	4个

（1）将加工单填写完整。

（2）所有镜框的总面积是多少平方分米?

（1）由"所有镜框的面积相等"，可以想到用积不变规律解决问题。

1号镜框：$8 \times 3 = 24$（平方分米）

2号镜框：$6 \times$（ ）$= 24$（平方分米）

3号镜框：（ ）$\times 2.5 = 24$（平方分米）

4号镜框：$1.6 \times$（ ）$= 0.24$（平方米）

$$8 \quad \times \quad 3 = 24 \,(\text{平方分米})$$
$$\Big\downarrow \div 1.3 \qquad \Big\downarrow \times 1.3$$
$$6 \quad \times \quad (4) = 24 \,(\text{平方分米})$$

1.3 用分数表示是 $\dfrac{4}{3}$。

$$8 \quad \times \quad 3 = 24 \,(\text{平方分米})$$
$$\Big\downarrow \times 1.2 \qquad \Big\downarrow \div 1.2$$
$$9.6 \quad \times \quad 2.5 = 24 \,(\text{平方分米})$$

$$0.8 \quad \times \quad 0.3 = 0.24（平方米）$$

$$\downarrow \times 2 \qquad \downarrow \div 2$$

$$1.6 \quad \times \quad 0.15 = 0.24（平方米）$$

> 统一单位之后才能运用积不变规律。

填写完整的加工单如下表所示。

类别	长	宽	加工数量
1 号	8 分米	3 分米	4 个
2 号	6 分米	（4）分米	10 个
3 号	（9.6）分米	2.5 分米	8 个
4 号	1.6 米	（0.15）米	4 个

（2）每个镜框的面积都是 24 平方分米，则：

$$24 \times （4+10+8+4）$$

$$=24 \times 26$$

$$=24 \times （25+1）$$

$$=24 \times 25 + 24$$

$$=600 + 24$$

$$=624（平方分米）$$

所有镜框的总面积是 624 平方分米。

4. 用商变与不变的规律计算

被除数、除数同时乘以或者除以相同的数（0 除外），商不变。如果不是上述的规律，商会发生变化。有时利用商不变、商变化的规律计算会更加方便。

例1. 说一说每组题的算式是否相等。

（1）$4500 \div 50$ 和 $45 \div 5$

（2）$1.53 \div 0.3$ 和 $15.3 \div 3$

（3）$\frac{3}{4} \div \frac{1}{2}$ 和 （0.75×4） ÷ （0.5÷4）

（4）7:5、3.5:2.5 和 21:10

（1）4500÷50 和 45÷5

```
  4500      ÷       50
    │÷100          │÷10
    ↓              ↓
    45      ÷        5
```

被除数、除数同时除以的数不同，商不相等。

本题：4500÷50 > 45÷5。

（2）1.53÷0.3 和 15.3÷3

```
  1.53      ÷       0.3
    │×10           │×10
    ↓              ↓
  15.3      ÷        3
```

被除数、除数同时乘10，商的大小不变。

本题：1.53÷0.3 = 15.3÷3。

（3）$\frac{3}{4} \div \frac{1}{2}$ 和 （0.75×4） ÷ （0.5÷4）

$\frac{3}{4} = 0.75$，$\frac{1}{2} = 0.5$。

```
  0.75      ÷       0.5
    │×4            │÷4
    ↓              ↓
   （3）     ÷      （0.125）
```

被除数、除数变化的运算符号不同，商发生变化。

本题：$0.75 \div 0.5 < （0.75×4） \div （0.5÷4）$，即 $\frac{3}{4} \div \frac{1}{2} < （0.75×$

$4） \div （0.5÷4）$。

（4）7:5、3.5:2.5 和 21:10

7:5 和 3.5:2.5 比较。

$$7 \quad : \quad 5$$
$$\downarrow \div 2 \qquad \downarrow \div 2$$
$$3.5 \quad : \quad 2.5$$

比的前项和后项同时除以2，比值不变。

本题：$7:5 = 3.5:2.5$

$7:5$ 和 $21:10$ 比较。

$$7 \quad : \quad 5$$
$$\downarrow \times 3 \qquad \downarrow \times 2$$
$$21 \quad : \quad 10$$

比的前项和后项没有同时乘相同的数，比值大小发生了变化。

本题：$7:5 < 21:10$。

那么 $3.5:2.5$ 也小于 $21:10$，所以这三组比不相等。

由此得出，（1）、（3）和（4）各式不具有相等关系。（2）的算式相等。

例2. 计算 $0.00\underset{2021个0}{\cdots\cdots}00125 \div 0.00\underset{2021个0}{\cdots\cdots}008$

$0.00\underset{2021个0}{\cdots\cdots}00125 \div 0.00\underset{2021个0}{\cdots\cdots}008$，先把除数变成整数，

$0.00\underset{2021个0}{\cdots\cdots}008 \times 100\underset{2021个0}{\cdots\cdots}00 = 8$；被除数也要乘相同的数

$0.00\underset{2021个0}{\cdots\cdots}00125 \times 100\underset{2021个0}{\cdots\cdots}00 = 1.25$。

运用商不变的规律，原题 $0.00\underset{2021个0}{\cdots\cdots}00125 \div 0.00\underset{2021个0}{\cdots\cdots}008$ 变成了 $1.25 \div 8$，使算式变得简单易计算了。

$1.25 \div 8 = 0.15625$

原式 $0.00\underset{2021个0}{\cdots\cdots}00125 \div 0.00\underset{2021个0}{\cdots\cdots}008 = 0.15625$

例3. 不计算，推理出两个式子是否相等。

$$\left(\frac{23}{24} - \frac{1}{2} + \frac{3}{4}\right) \div \frac{1}{48} \bigcirc \left(\frac{23}{24} + 0.75 - 0.5\right) \times 48$$

进行分类讨论。

第一步：$\left(\dfrac{23}{24}-\dfrac{1}{2}+\dfrac{3}{4}\right)$ 和 $\left(\dfrac{23}{24}+0.75-0.5\right)$ 进行比较。

因为 $\dfrac{1}{2}=0.5$，在两个式子中都是减数；$\dfrac{3}{4}=0.75$，在两个式子中都是加数。所以 $\left(\dfrac{23}{24}-\dfrac{1}{2}+\dfrac{3}{4}\right)=\left(\dfrac{23}{24}+0.75-0.5\right)$。

第二步：除以 $\dfrac{1}{48}$ 和乘 48 表示的意义相同，即除以 $\dfrac{1}{48}$ 等于乘以 $\dfrac{1}{48}$ 的倒数 48。

第三步：综合看问题，被除数和除数完全相同。

$$\left(\dfrac{23}{24}-\dfrac{1}{2}+\dfrac{3}{4}\right)\div\dfrac{1}{48}=\left(\dfrac{23}{24}+0.75-0.5\right)\times48$$

例 4. 分析下面提供的信息。褐、黄两条直线，哪条表示动车的速度？哪条表示高铁车的速度？试说出理由（高铁车的速度大于动车的速度）。

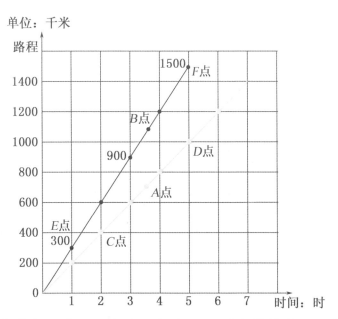

先观察黄色直线，这条线上任意一点对应着横轴、竖轴上的两个信息。例如，C 点对应着 400 千米与 2 时；D 点对应着 1000 千米

与 5 时。应用这两组信息得到：

400 ÷ 2 = 200（千米/时）   1000 ÷ 5 = 200（千米/时）

A、D 点在这条直线上，速度 = 路程 ÷ 时间 = 200（千米/时）。这条直线上任意一点，都可以用路程 ÷ 时间计算，得到的速度是相同的。运用商不变的规律，推出这条直线上任意一点都表示速度是 200 千米/时。

再观察褐色直线上的 E 点，E 点对应着横轴上的 1 时、竖轴上的数是 300，说明速度是 300 千米/时。再看 F 点对应的两个信息，1500 ÷ 5 = 300（千米/时）。B 点在这条直线上，路程 ÷ 时间 = 速度，速度一定是 300 千米/时。运用商不变的规律，推出这条直线上的任意一点都表示速度是 300 千米/时。

比较以上信息，褐色直线表示的速度大于黄色直线表示的速度。褐色直线表示高铁车的速度，黄色直线表示动车的速度。

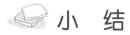 小　结

1. 在计算时先要观察参与运算的数，抓住数的特点，把算式化繁为简，以达到准确快速计算的效果。

2. 推理法是重要的数学方法。在计算中进行推理，不仅使计算生动有趣，而且可以提高我们的思维质量。

新宇家所在的小区开始收物业费了，业主可以一次性交全年的物业费，也可按季度交费。新宇的奶奶正好来家里，她提出按季度交费。奶奶的建议得到大家的赞同，于是奶奶、爸爸、妈妈分别计算第一季度的物业费。

物业费计算方法如下：

1.25 元/平方米×建筑面积（平方米）×月份＝物业费

新宇家的建筑面积是 98.3 平方米。

奶奶计算的结果是 368.635 元。爸爸说："咱们要交 368.63 元物业费。"妈妈计算的结果是 368.625 元。三个人计算的结果不一样，于是新宇开始分析了。

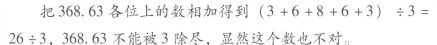

第一步先分析计算结果。由于一个季度等于三个月，计算的结果一定能被 3 除尽。把 368.635 各位上的数相加，得到（3＋6＋8＋6＋3＋5）÷3＝31÷3，显然 368.635 元不对。

把 368.63 各位上的数相加得到（3＋6＋8＋6＋3）÷3＝26÷3，368.63 不能被 3 除尽，显然这个数也不对。

把 368.625 各位上的数相加，得到（3＋6＋8＋6＋2＋5）÷3＝30÷3，368.625 能被 3 除尽，因此，这个数是对的。

第二步再与生活对接。人民币的主币单位是"元"，辅币单位是"角"与"分"。在交费时最小的单位是分。因此 368.625 元经四舍五入为 368.63 元。

新宇明白了，妈妈的计算精确到千分位了，但是在生活中无法交费。爸爸计算得看似不对，其实是正确的，将 368.625 元保留两位小数且经四舍五入就是 368.63 元，368.63 元可以在生活中流通。

　　一天晚上，新宇兴奋地对爸爸、妈妈说："我一直不太明白为什么除以一个数就等于乘这个数的倒数，今天我们和老师一起讨论，我终于明白了。比如 $\frac{5}{7} \div 2$"新宇停顿了一下，然后滔滔不绝地开始讲解，一边说，一边在纸上写着、画着。下面是他的讲解：

　　方法一，从算式的意义看问题。

　　$\frac{5}{7} \div 2$，表示把 5 个 $\frac{1}{7}$ 平均分成 2 份，也就是把分子 5 平均分成 2 份，求这样的一份是多少，如下图所示。

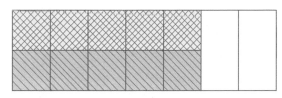

　　$\frac{5}{7} \times \frac{1}{2}$，表示把 $\frac{5}{7}$ 平均分成 2 份，也就是把分子 5 平均分成 2 份，求这样的一份是多少，如上图所示。

　　由此看出，$\frac{5}{7} \div 2$ 和 $\frac{5}{7} \times \frac{1}{2}$ 表示的意义相同，只是表述方式不同，所以 $\frac{5}{7} \div 2$ 可以转换成 $\frac{5}{7} \times \frac{1}{2}$ 进行计算。

　　方法二，从计算的原理上看问题。

　　$\frac{5}{7} \div 2$，表示把 5 个分数单位平均分成 2 份，分母不变。

$$\frac{5}{7} \div 2 = \frac{5 \div 2}{7} = \frac{2.5}{7} = \frac{25}{70} = \frac{5}{14}$$

> 一般情况下分子用整数表示,2.5是小数,运用分数的基本性质,把分子和分母同时乘相同数(10或2),这样方便计算。

$$\frac{5}{7} \times \frac{1}{2} = \frac{5 \times 1}{7 \times 2} = \frac{5}{14}$$

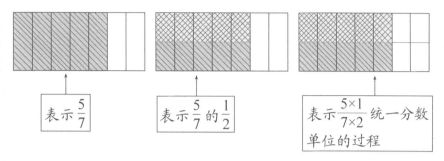

表示 $\frac{5}{7}$

表示 $\frac{5}{7}$ 的 $\frac{1}{2}$

表示 $\frac{5 \times 1}{7 \times 2}$ 统一分数单位的过程

方法三，从商不变的性质看问题。

$$\frac{5}{7} \div 2$$

$$= \left(\frac{5}{7} \times \frac{1}{2} \right) \div \left(2 \times \frac{1}{2} \right)$$

> 在一个除法算式中,除数是1,计算就很方便,把除以2变成除以1,被除数、除数同时乘 $\frac{1}{2}$,商不变。

$$= \frac{5}{7} \times \frac{1}{2} \div 1$$

$$= \frac{5}{7} \times \frac{1}{2}$$

> 除以1可以忽略不计算,得到 $\frac{5}{7}$ 乘2的倒数。

$$= \frac{5}{14}$$

妈妈说："我听明白了，举一反三，我来说一说 $\frac{3}{5} \div \frac{2}{3}$ 。"

下面是妈妈的讲解：

方法一，用图理解通分计算的意义。

一学就会的闪算(第2版)

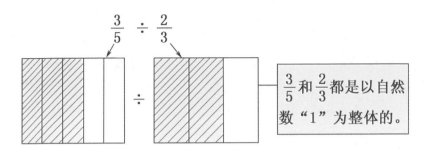

$\dfrac{3}{5}$ 和 $\dfrac{2}{3}$ 都是以自然数"1"为整体的。

虽然 $\dfrac{3}{5}$ 和 $\dfrac{2}{3}$ 的"1"是相同的，但是上面两个图中的每份大小不统一，不方便计算。因此可以统一分数单位，即通分，如下图所示。

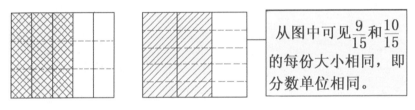

从图中可见 $\dfrac{9}{15}$ 和 $\dfrac{10}{15}$ 的每份大小相同，即分数单位相同。

可以这样计算：$\dfrac{3}{5}=\dfrac{9}{15}$，$\dfrac{2}{3}=\dfrac{10}{15}$，$9\div 10=\dfrac{9}{10}$。

方法二，用通分的方法计算分数除法。

$$\dfrac{3}{5}\div\dfrac{2}{3}$$

$$=\dfrac{3\times 3}{5\times 3}\div\dfrac{2\times 5}{3\times 5}$$

将被除数、除数统一分数单位,保证每份大小相同。

$$=\dfrac{9}{15}\div\dfrac{10}{15}$$

$$=9\div 10$$

分子除以分子,就是分数单位个数的计算。

$$=\dfrac{9}{10}$$

妈妈讲完了，新宇一边鼓掌，一边说："对，对!"

爸爸说："《九章算术》是中国古代一部伟大的数学著作，它的作者是张苍和耿寿昌。在《九章算术》中方田章有这样一段话'以人数为法，钱数为实，

实如法而一有分者通之；重有分者同而通之'。这句话说明分数除法与整数除法意义相同。新宇，明天你再研究一下整数、小数和分数能不能用一个法则进行计算。"

第二天放学后，新宇进行了下面的研究。

整数 ÷ 整数：$75 \div 3 = 25$　　$75 \div 3 = 75 \times \dfrac{1}{3} = 25$

整数 ÷ 小数：$75 \div 0.3 = 250$　　$75 \div 0.3 = 75 \times \dfrac{1}{0.3} = 250$

小数 ÷ 整数：$7.5 \div 3 = 2.5$　　$7.5 \div 3 = 7.5 \times \dfrac{1}{3} = 2.5$

分数 ÷ 小数：$\dfrac{3}{4} \div 0.3 = 0.75 \div 0.3 = 2.5$

$$\dfrac{3}{4} \div 0.3 = \dfrac{3}{4} \times \dfrac{1}{0.3} = \dfrac{10}{4} = 2.5$$

新宇告诉爸爸、妈妈："我发现了，只要是除法，都可以用乘倒数的方法计算，即被除数 ÷ 除数 = 被除数 × 除数的倒数。"

独立思考练习题二十二 （答案见164页）

1. 填出□中的数。

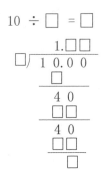

$$10 \div \square = \square$$

2. 说明每组式子是否相等，并在○里填上 = 、> 或 <。

(1) $35 \times \dfrac{1}{7} \div \dfrac{1}{5} \bigcirc 35 \div 7 \times \dfrac{1}{5}$

(2) $\dfrac{4}{5} \times \dfrac{x}{5} \bigcirc \dfrac{4}{5} \div \dfrac{x}{5}$ （$\dfrac{x}{5}$ 是真分数）

(3) $\dfrac{4.3a}{100} \bigcirc \dfrac{4.3 \div a}{100}$ （a 不等于0）

3. 计算下面各题。

(1) $\dfrac{1}{2} + \dfrac{1}{4} + \dfrac{1}{8}$

(2) $\dfrac{1}{2} + \dfrac{1}{4} + \dfrac{1}{8} + \dfrac{1}{16}$

(3) $\dfrac{1}{2} + \dfrac{1}{4} + \dfrac{1}{8} + \cdots + \dfrac{1}{256}$

(4) $\dfrac{1}{2} + \dfrac{1}{4} + \dfrac{1}{8} + \cdots + \dfrac{1}{2048}$

第八节 估 算

估算在数学知识体系中没有十分显著的地位，但是它的作用比较大。

将 49×21 想成 $50 \times 20 = 1000$，一个乘数变大，另一个乘数变小，可以得到 49×21 的近似数。$49 \times 21 \approx 50 \times 20$。

将 49×21 想成 $50 \times 21 = 1050$，一个乘数不变，另一个乘数变大，依旧可以得到 49×21 的近似数。$49 \times 21 \approx 50 \times 21$。

在日常生活中，人们往往会用估算来解决问题。例如：购物、旅游等需要准备足够的钱，准备的钱要比预估的多一些。

例1. 估算下面荷叶的面积有多大，再选择答案。

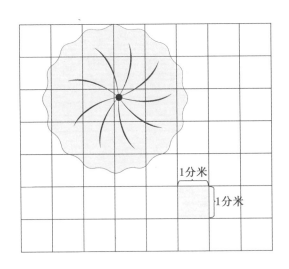

A. 14 平方分米　　　B. 大于 14 平方分米且小于 20 平方分米
C. 小于 14 平方分米　　D. 大于 20 平方分米

方法一： 数方格

在荷叶上数出整格，再数不足整格的数量，把不足整格的凑成整格计算。

荷叶中接近整格的有 14 个，不是整格的大约凑成 3 个整格。$14 + 3 = 17$，大约是 17 平方分米。应该选择 B。

方法二： 用图形之间的关系进行估算

从图中可知荷叶的半径大约为 2.4 分米，运用圆的面积公式计算，即：$2.4 \times 2.4 \times 3.14 = 18.1$（平方分米）。应该选择 B。

例2. 下图是张叔叔的养鱼池, 想一想用什么办法估算出养鱼池的面积。

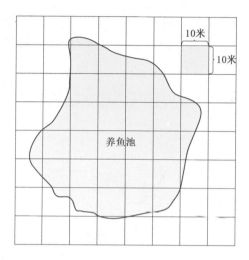

方法一：数方格

整格有 19 个, 不是整格的凑成 4 个, 共 23 个整格, 面积大约是：$23 \times 100 = 2300$（平方米）。

方法二：抽象几何图形计算

把养鱼池的上部分抽象成三角形, 下部分抽象成梯形, 利用网格可以找到解决问题的相关信息。

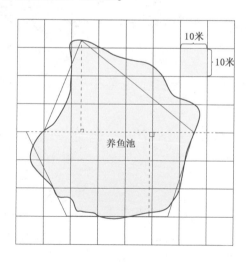

将上部分看成三角形，底约 60 米，高约 30 米，面积大约是：$60 \times 30 \div 2 = 900$（平方米）。

将下部分看成梯形，上底约 60 米，下底约 35 米，高约 30 米，面积大约是：$(60 + 35) \times 30 \div 2 = 1425$（平方米）。

把上、下两部分合并：$900 + 1425 = 2325$（平方米）。

经过估算，张叔叔的养鱼池面积大约是 2300 平方米。

例 3. 学校图书室要搬家了，王老师准备了一个包装箱，打算把 50 本三种规格的书全部放在包装箱里。你觉得如下图所示的这个包装箱装得下 50 本三种规格的书吗？三种规格的书的具体信息如下表所示。

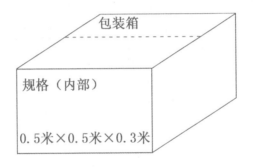

种类	长（分米）	宽（分米）	厚（分米）
第一种	1.8	1.5	0.6
第二种	1.6	1.2	0.4
第三种	1.5	1.1	0.2

王老师告诉大家："第一种类型的书本数最少。第二种类型的书本数最多。"

首先，计算出包装箱的容积是多少。

$0.5 \times 0.5 \times 0.3 = 0.075$（立方米）

0.075 立方米 = 75 立方分米

再计算出每种类型的书每本的体积是多少。

第一种类型的书每本的体积是：$1.8 \times 1.5 \times 0.6 = 1.62$（立方分米）。

第二种类型的书每本的体积是：$1.6 \times 1.2 \times 0.4 = 0.768$（立方分米）。

第三种类型的书每本的体积是：$1.5 \times 1.1 \times 0.2 = 0.33$（立方分米）。

最后，根据王老师提供的信息进行估算。以本数最多的第二种类型的书为标准。

假如50本书全是第二种类型的，书的体积是：$0.768 \times 50 = 38.4$（立方分米）。

38.4立方分米<75立方分米，则包装箱能装下50本书。

假如三种类型的书的本数相差无几，可以用枚举法估算，则最多的本数为18本，次之为17本，最少为15本。

$$1.62 \times 15 + 0.768 \times 18 + 0.33 \times 17$$
$$= 24.3 + 13.824 + 5.61$$
$$= 43.734 \text{（立方分米）}$$

43.734立方分米<75立方分米，包装箱能装下50本书。

例4. 把运算符号填在○里，并说明理由。

$4.75 \bigcirc 1.25 > 4.75 \bigcirc 1.25$

首先确定左边算式 $4.75 \otimes 1.25$，右边的运算符号填"÷"或者"−"，即：

$4.75 \otimes 1.25 > 4.75 \div 1.25$

$4.75 \otimes 1.25 > 4.75 \ominus 1.25$

$4.75 \otimes 1.25$ 和 $4.75 \oplus 1.25$ 谁大呢？需要精确计算。

$4.75 \times 1.25 = 5.9375$

$4.75 + 1.25 = 6$

通过精确计算 4.75 ⊗ 1.25 < 4.75 ⊕ 1.25，还可以确定左边算式 4.75 ⊕ 1.25，右边的运算符号可以填 " − " 或 " × " 或 " ÷ "，即：

4.75 ⊕ 1.25 > 4.75 ⊖ 1.25

4.75 ⊕ 1.25 > 4.75 ⊗ 1.25

4.75 ⊕ 1.25 > 4.75 ⊘ 1.25

从上面的题可以得知，有的题无须计算，用估算法即可解决，有的题则要准确计算才能比较出大小。

小　结

估算的基本方法是：参与运算的数可以往大估，也可以往小估，还可以有的数往大估，有的数往小估。在解决问题时采用哪种方法要依据问题而定。

妈妈要去看望养老院的老人们，于是买了 20 条毛巾作为礼物送给大家。妈妈告诉新宇："买这些毛巾共花了 110 多元，不足 120 元，单价是一位小数。"

"那每条毛巾的单价是多少元呢?"新宇随口问道。妈妈说："这个问题问得好，但是你要自己解决啊!"于是新宇开始思考。

20 条毛巾的总价大于 110 元且小于 120 元，单价是 110 ÷ 20 = 5.5（元），120 ÷ 20 = 6（元），由此推算出单位大于 5.5 元且小于 6 元。

新宇继续推算单价，单价是一位小数，则有

5.6×20 = 112（元）

5.7×20 = 114（元）

$$\vdots \quad \vdots \quad \vdots$$

5.9×20 = 118（元）

新宇估出毛巾的单价是大于或等于5.6元且小于或等于5.9元之间的钱数。

独立思考练习题二十三

请你对周边感兴趣的事物进行估算。

第三章　乘方和开方

- 乘方
- 开方

我们将用简捷的方法闪算出一百以内数的平方数和部分三位数的平方数，轻松口算出完全平方数和立方数的开方。

第一节　乘　　方

加法和减法是一级运算，乘法和除法是二级运算，乘方和开方是三级运算。

平方也叫二次方，表示两个相同的数相乘。a 的平方表示为 $a \times a$，简写成 a^2。例如：$3^2 = 3 \times 3 = 9$。

立方也叫三次方，表示三个相同的数相乘。a 的立方表示为 $a \times a \times a$，简写成 a^3。例如：$4^3 = 4 \times 4 \times 4 = 64$。

一个数的平方和一个数的立方都是乘方。

在小学里，求正方形和圆的面积要用到求平方数，求正方体的体积要用到求立方数。在中学里，一个数的平方和一个数的立方是学习乘方和开方的基础。

一　熟记一些平方数和立方数

1. 已经熟悉 1～20 的平方数

课题:怎样背 1～9 的立方数

其中：

$11^2 = 121$　　$12^2 = 144$　　$13^2 = 169$　　$14^2 = 196$　　$15^2 = 225$

$16^2 = 256$　　$17^2 = 289$　　$18^2 = 324$　　$19^2 = 361$

2. 记住 1～9 的立方数

$1^3 = 1$　　　　$2^3 = 8$　　　　$3^3 = 27$　　　　$4^3 = 64$　　　　$5^3 = 125$

$6^3 = 216$　　　$7^3 = 343$　　　$8^3 = 512$　　　$9^3 = 729$

在这里特别提示大家要注意：1～9 这 9 个数字在 1～9 的立方数的尾数中都只出现一次。

再仔细观察：1，4，5，6，9 的立方数的个位数还是 1，4，5，

6，9；2，3，7，8 的立方数的个位数分别是它们的补数，即 2，3，7，8 的立方数的个位数是 8，7，3，2。

知道这两点，不仅对记住 1~9 的立方数有益，而且对求立方根也大有帮助。

3. 平方数、立方数在乘法中的运用

如果能把算式分解成某个数的平方或立方，就可以利用记住的该数的平方或立方数值，很快计算出答案。

例 1. 计算 15×45

15×45

$= 15 \times （15 \times 3）$

$= （15 \times 15）\times 3$

$= 225 \times 3$

$= 675$

例 2. 计算 64×24

64×24

$= （8 \times 8）\times （8 \times 3）$

$= （8 \times 8 \times 8）\times 3$

$= 512 \times 3$

$= 1536$

例 3. 计算 125×512

125×512

$= 125 \times 8 \times 8 \times 8$

$= （125 \times 8）\times （8 \times 8）$

$= 1000 \times 64$

$= 64000$

独立思考练习题二十四 （答案见166页）

1. 熟记1~20的平方数，1~9的立方数。

2. 计算下列各题。

(1) 26×65 (2) 36×45 (3) 64×16

(4) 54×36 (5) 49×63 (6) 81×27

二 求一个数的平方数

1. 求1~100的平方数

求两位数的平方数的方法： $\overline{ab}^2 = (\overline{ab}+b) \times (\overline{ab}-b) + b^2$

这是由多项式推导得出的：

$(\overline{ab}+b) \times (\overline{ab}-b) + b^2 = \overline{ab}^2 - b^2 + b^2 = \overline{ab}^2$

例如：78^2

$= (78+8) \times (78-8) + 8^2$

$= 86 \times 70 + 64$

$= 6020 + 64$

$= 6084$

在上一章我们学习的"神奇速算"中：

$\overline{AB} \times \overline{CD} = (A+1) \times C \times 100 + 速算变数 \times 10 + B \times D$

速算变数 $= (A-C) \times D + (B+D-10) \times C$

如果$A = C$，$B = D$，那么：

速算变数 $= (A-C) \times D + (B+D-10) \times C$

$\qquad\qquad = (B+D-10) \times C$

$\qquad\qquad = (2B-10) \times A$

计算方法： （头+1）×头，尾×尾，两积连着写，再十位并入2倍尾数减10的差乘首数，即 $(2B-10) \times A \times 10$。

例如：27×27

$$= 649 + (7 \times 2 - 10) \times 20$$
$$= 649 + 80$$
$$= 729$$

还可以这样算：**将两个乘数十位上的数相乘，再乘 100；加上一个乘数加另一个乘数的十位上的数，再乘个位上的数。**

这种算法可以从下面的计算中推导出：

$$23 \times 23 = (20 + 3) \times (20 + 3)$$
$$= 20 \times 20 + 3 \times 20 + 20 \times 3 + 3 \times 3$$
$$= 20 \times 20 + 20 \times 3 + (20 + 3) \times 3$$
$$= \underline{2 \times 2 \times 100} + \underline{(23 + 20) \times 3}$$

头×头×100　　（一个乘数 + 另一个乘数的
　　　　　　　　　　十位上的数）×尾

$$= 400 + 43 \times 3$$
$$= 529$$

例如：72^2

$$= 7 \times 7 \times 100 + (72 + 70) \times 2$$
$$= 4900 + 284$$
$$= 5184$$

下面，我们研究怎样用最快的速度求 $1 \sim 100$ 的平方数。

第一类："眼看题目，口出得数"

（1）$1 \sim 19$ 的平方数，用乘法口诀。例如：$7^2 = 49$，$17^2 = 289$。

（2）整十数的平方数，用乘法口诀。例如：$30^2 = 900$，$80^2 = 6400$。

（3）15^2，25^2，$\cdots$，95^2，这类题属于上一章讲的"首同尾合十"，计算方法是（头 + 1）×头的积，接着写 25。例如：$15^2 =$

225，$45^2 = 2025$。

注：如果你不会背 19×19 的口诀，那么十几的平方数就按照"十几乘十几"的方法来求，还可以按照"$40 \times$ 尾 + 尾补平方"的方法来求。

"$40 \times$ 尾 + 尾补平方" 是这样推导出的：

例如：
$$16^2 = (20 - 4) \times (20 - 4)$$
$$= 20 \times 20 - 20 \times 4 - 4 \times 20 + 4 \times 4$$
$$= 20 \times (20 - 4 - 4) + 4 \times 4$$
$$= 20 \times 12 + 4 \times 4$$
$$= \underline{40 \times 6} + \underline{4 \times 4}$$

           ↓   ↓

    $40 \times$ 尾   尾补平方

$$= 256$$

这个方法显然是以 20 为标准数的，那么求越接近 20 的数的平方，越能突出这个公式的简单。

例如：求 18^2

方法一： 18^2
$$= (18 + 8) \times 10 + 8 \times 8$$
$$= 260 + 64$$
$$= 324$$

方法二： 18^2
$$= (18 - 2) \times 20 + 2 \times 2$$
$$= 320 + 4$$
$$= 324$$

方法三： 18^2
$$= 40 \times 8 + 2 \times 2$$
$$= 320 + 4$$
$$= 324$$

第二类："四个好算"

（1）求 21，22 的平方数

21 是 12 的颠倒数，$12^2 = 144$，$21^2 = 441$。

$$22^2 = (2 \times 11)^2$$
$$= 2^2 \times 11^2$$
$$= 4 \times 121$$
$$= 484$$

求 21 和 22 的平方数，这里只是用小技巧而已，可是也能给我们带来方便哦。想一想，还有哪个数能这样算？

31 也可以这样算：$13^2 = 169$，$31^2 = 961$。

（2）求 31 ~ 49，51 ~ 69 的平方数

①**计算 31 ~ 49 的平方数的方法**：25 减这个数以 50 为标准数的补数的差乘 100，再加补数的平方，即：

（25 - 补数）×100 + 补数×补数。

这个方法是怎么得出来的呢？

我们以求 46 的平方数为例进行推导：

课题：闪算 $31^2 \sim 49^2$

$$46^2$$
$$= (50 - 4) \times (50 - 4)$$
$$= 50 \times (50 - 4) - 4 \times (50 - 4)$$
$$= 50 \times 50 - 50 \times 4 - 4 \times 50 + 4 \times 4$$
$$= 2500 - 50 \times 4 \times 2 + 4 \times 4$$
$$= 2500 - 100 \times 4 + 4 \times 4$$
$$= \underline{(25 - 4) \times 100} + \underline{4 \times 4}$$

　　　　（25 - 补数）　　补数的平方

$$= 2116$$

你可以从 31 ~ 49 中任意取一个数，也这样试一试，都可以推导出这个算法哦！

一学就会的闪算（第2版）

例1. 计算 43^2

43^2

$= (25 - 7) \times 100 + 7 \times 7$

$= 1849$

例2. 计算 34^2

34^2

$= (25 - 16) \times 100 + 16 \times 16$

$= 900 + 256$

$= 1156$

②求 51～69 的平方数。

计算 51～69 的平方数的方法：25 加这个数以 50 为标准数的剩余数的和乘 100，再加剩余数的平方，即：

(25 + 剩余数)×100 + 剩余数×剩余数。

该平方数的计算方法的推导，我们以求 58 的平方数为例：

58×58

$= (50 + 8) \times (50 + 8)$

$= 50 \times (50 + 8) + 8 \times (50 + 8)$

$= 50 \times 50 + 50 \times 8 + 8 \times 50 + 8 \times 8$

$= 2500 + 50 \times 8 \times 2 + 8 \times 8$

$= 2500 + 100 \times 8 + 8 \times 8$

$= (25 + 8) \times 100 + 8 \times 8$

$= \underline{(25 + 8)} \times 100 + \underline{8 \times 8}$

课题:闪算 $51^2 \sim 69^2$

　(25 + 剩余数)　　剩余数的平方

$= 3364$

例 1. 计算 57×57

57×57

$= (25 + 7) \times 100 + 7 \times 7$

$= 3249$

例 2. 计算 67^2

67^2

$= (25 + 17) \times 100 + 17 \times 17$

$= 4200 + 289$

$= 4489$

（3）求 $81 \sim 99$ 的平方数

上一章我们已经学习了两个乘数都比标准数小，计算方法是：

（一个乘数 – 另一个乘数的补数）×标准数 + 补数×补数。计算 $81 \sim 99$ 两个数相乘的方法是：（一个乘数 – 另一个乘数的补数）× 100 + 补数×补数。由此得知，计算 $81 \sim 99$ 的平方数的方法是：这个数减去以 100 为标准数的补数的差乘 100，再加补数的平方，即：

（这个数 – 补数）×100 + 补数^2

例 1. 计算 93×93

93×93

$= (93 - 7) \times 100 + 7 \times 7$

$= 8649$

可以直接写出得数：$93 \times 93 = 8649$

例 2. 计算 86^2

86^2

$= (86 - 14) \times 100 + 14 \times 14$

$= 7200 + 196$

$= 7396$

可以直接写出得数：$86^2 = 7396$

(4) 求相邻两个数的平方数

3 的平方数是 9，4 的平方数是 16，它们的差是 7，$7 = 2 \times 3 + 1$，或者 $7 = 2 \times 4 - 1$。

5 的平方数是 25，6 的平方数是 36，它们的差是 $36 - 25 = 11$，$11 = 2 \times 5 + 1$，或者 $6 \times 2 - 1 = 11$。

可以得出以下结论：

相邻两个自然数的平方差，比较小数的 2 倍多 1，或者比较大数的 2 倍少 1。

例 1. 计算 71^2

$$71^2$$
$$= 70^2 + 70 \times 2 + 1$$
$$= 4900 + 140 + 1$$
$$= 5041$$

例 2. 计算 29^2

$$29^2$$
$$= 30^2 - (30 \times 2 - 1)$$
$$= 900 - 60 + 1$$
$$= 841$$

注意： 用这种方法可以快速求出 24，26，29，71，74，76，79 等数的平方。

第三类：可用多种方法求平方数

除了以上所说的，100 以内还有哪些数的平方数没有说到呢？还有 23，27，28，72，73，77，78 这 7 个数，可以用我们开始谈到的三种求平方数的通用办法解答，也可以用"二十几乘二十几""七十几乘七十几"等四种方法来解决问题。你头脑中计算空间越大，你的方法就越多，遇到具体题目时，你就越能选出最佳方法。

例如：求 78^2

方法一：求平方数公式法

78^2

$= (78 + 8) \times (78 - 8) + 8^2$

$= 86 \times 70 + 64$

$= 6020 + 64$

$= 6084$

方法二："神奇速算" 法

78^2

$= 5664 + (2 \times 8 - 10) \times 7 \times 10$

$= 5664 + 420$

$= 6084$

方法三：求平方数的一种方法

78^2

$= 7 \times 7 \times 100 + (78 + 70) \times 8$

$= 4900 + 148 \times 8$

$= 4900 + 1184$

$= 6084$

方法四：以 70 为标准数

78^2

$= (78 + 8) \times 70 + 8 \times 8$

$= 86 \times 70 + 64$

$= 6020 + 64$

$= 6084$

方法五：以 80 为标准数

78^2

$= (78 - 2) \times 80 + 2 \times 2$

$= 76 \times 80 + 4$

$=6080+4$

$=6084$

哪种方法简单？你喜欢哪种方法就用哪种方法。

 小　结

求 1～100 的平方数

第一，熟记 19×19 的口诀。

第二，熟记 3 个计算方法：

① （25 − 补数）×100 + 补数的平方（求 31～49 的平方）；

② （25 + 剩余数）×100 + 剩余数的平方（求 51～69 的平方）；

③ （这个数 − 补数）×100 + 补数的平方（求 81～99 的平方）。

第三，至少要掌握一种求任意两位数的平方数的方法，如公式法，"神奇速算"法，以这个数的整十数为标准数进行计算等方法。

2. 求部分三位数的平方数

（1）求 101～119 的平方数

计算方法同上一章求 101～119 任意两个数相乘的方法：（一个乘数 + 另一个乘数的剩余数）×100 + 剩余数 × 剩余数。也就是说，计算 101～119 的一个数的平方，以 100 为标准数，这个数加上它的剩余数的和乘 100，再加剩余数的平方，即：

（这个数 + 剩余数）×100 + 剩余数的平方。

例 1. 计算 109×109

109×109

$= (109 + 9) \times 100 + 9 \times 9$

$= 11881$

例 2. 计算 118^2

118^2

$= (118 + 18) \times 100 + 18^2$

$= 13600 + 324$

$= 13924$

（2）运用"首同尾合十"的方法计算

上一章已学过的"首同尾合十"的计算方法是：头 ×（头 + 1），尾 × 尾，两积连着写。

① 求 $100 \sim 200$ 个位上是 5 的平方数。

例 1. 计算 135^2

这样算：13 是头，5 是尾，$13 \times (13 + 1) = 182$，尾是 25（$5 \times 5 = 25$），两积连着写为 18225。

135^2

$= 13 \times (13 + 1) \times 100 + 25$

$= 18225$

例 2. 计算 175^2

$175^2 = 30625$

对于会 19×19 的口诀的人来说，求 $100 \sim 200$ 个位上是 5 的平方数是不是很容易呀？能真正做到"眼看题目，口出得数"哦！

②求十位上是 9，个位上是 5 的三位数的平方数。

例 1. 计算 295^2

这样算：$29 \times (29 + 1) = 870$，尾是 25，两积连着写为 87025。

$$295^2$$
$$= 29 \times (29 + 1) \times 100 + 25$$
$$= 87025$$

例2. 计算 795^2

$$795^2 = 632025$$

（3）求比整百数小19和大19之间数的平方数

我们已经知道，以100为标准数，可以快速求出 81 ~ 119 的平方数。**求比整百数小19和大19之间数的平方数是以整百数为标准数来计算的。**

以200为标准数，可以快速求出 181 ~ 219 的平方数。

以300为标准数，可以快速求出 281 ~ 319 的平方数。

……

以900为标准数，可以快速求出 881 ~ 919 的平方数。

以1000为标准数，可以快速求出 981 ~ 1019 的平方数。

以整百数为标准数求三位数的平方数的计算方法和以100为标准数求平方数的方法基本相同，只是把乘100换成乘整百数：

（这个数 – 补数）×整百数 + 补数的平方

（这个数 + 剩余数）×整百数 + 剩余数的平方

例1. 计算 807^2

$$807^2$$
$$= (807 + 7) \times 800 + 7^2$$
$$= 814 \times 800 + 49$$
$$= 651249$$

例2. 计算 188^2

$$188^2$$
$$= (188 - 12) \times 200 + 12^2$$
$$= 176 \times 200 + 144$$
$$= 35200 + 144$$

$=35344$

为什么我们只求比整百数小 19 和大 19 之间数的平方数呢？因为我们只背到 19×19 的口诀。

新宇家门厅墙上有一个长 140 厘米、宽 49 厘米的穿衣镜。客厅的时钟是边长 28 厘米的正方形。他家过道的墙壁上挂着一幅边长 62 厘米的正方形油画。这三个物体自身的面积或占墙壁的面积是多少？

（1）穿衣镜占墙面的面积：140×49
$$= 2 \times (7 \times 7 \times 7) \times 10$$
$$= 2 \times 343 \times 10$$
$$= 6860 （平方厘米）$$

（2）时钟的面积：28×28
$$= (28 - 2) \times 30 + 2 \times 2$$
$$= 26 \times 30 + 4$$
以 30 为标准数计算。
$$= 784 （平方厘米）$$

（3）油画占墙壁的面积：62×62
$$= (25 + 12) \times 100 + 12 \times 12$$
按"（25 + 剩余数）× 100 + 剩余数 × 剩余数"方法计算。
$$= 3700 + 144$$
$$= 3844 （平方厘米）$$

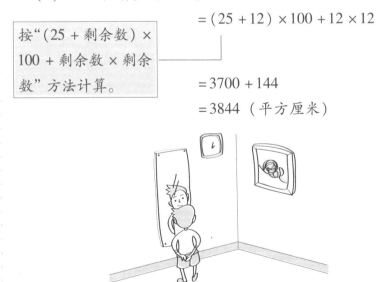

一学就会的闪算（第2版）

独立思考练习题二十五 （答案见166页）

1. 求出下列两位数的平方。

（1）75^2　　　　（2）65^2　　　　（3）47^2

（4）83^2　　　　（5）73^2　　　　（6）97^2

2. 求出下面各数的平方。

105^2　　　　　115^2　　　　　125^2　　　　　135^2

145^2　　　　　155^2　　　　　165^2　　　　　175^2

185^2　　　　　195^2

 第二节　开　　方

本节只涉及已知一个两位数的平方数或立方数，求这个两位数。

一　已知一个两位数的平方数，求这个数

已知一个正方形的面积是4，它的边长是多少？也就是 $a^2 = 4$，我们马上可得出：$a = 2$（因为 $2 \times 2 = 4$），它的边长是2。

同样可以很快算出：

$a^2 = 25$，$a = 5$

$a^2 = 81$，$a = 9$

那么 $a^2 = 3136$，$a = ?$ 即：一个数的平方数是3136，这个数是多少？

可以这样求出：

（1）最大的两位数的平方数：$99 \times 99 = 9801$，最小的两位数的平方数：$10 \times 10 = 100$，因为 $100 < 3136 < 9801$，所以3136是一个两位数的平方数。

（2）3136最后两位数前的数字（也就是十位前的数字）是31，

31 介于 5^2（$5 \times 5 = 25$）和 6^2（$6 \times 6 = 36$）之间，所以这个数应该是 50 多，也就是说它十位上的数是 5。

（3）3136 最后一位上的数是 6。我们想到：有两个一位数平方的末位数是 6，$4^2 = 16$，$6^2 = 36$，所以这个数的个位上可能是 4，也可能是 6。也就是说，这个数可能是 54，也可能是 56。

（4）将原数 3136 与 55^2 做比较：$55^2 = 3025$ [千位、百位上是头 ×（头 +1），十位、个位上是 25）]，$3136 > 3025$，所以这个数是 56。

解答：$a = 56$，即这个数是 56。

又如：一个两位数的平方数是 6241，这个两位数是多少？

这样算：

（1）6241 十位前的 62 介于 7 的平方 49 和 8 的平方 64 之间，所以这个两位数的十位上的数是 7。

（2）6241 的个位是 1，$1^2 = 1$，$9^2 = 81$，所以这个数的个位上可能是 1 或 9。

（3）6241 比 "$75^2 = 5625$" 大，所以这个两位数的个位上的数是 9。

解答：这个两位数是 79。

在中学里，我们学习了乘方和开方，知道以上两题是求平方根。

 小 结

求一个完全平方数的平方根的简算方法是：

（1）看完全平方数最后两位数前的数（也就是十位前的数）是介于哪两个连续自然数的平方数之间，平方根的十位上的数就是连续自然数的较小数。

（2）看完全平方数最后一位上是几。如果是 5，那么平方根的个位上就是 5。如果不是 5，平方根的个位上的数可能是如下两个数。

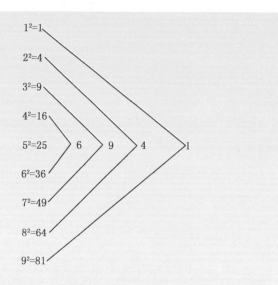

（3）将这个完全平方数与平方根十位上的数加个位上 5 的平方数做比较：如果完全平方数比平方根十位上的数加个位上 5 的平方数小，那么平方根的个位上是 1~4 中的数；如果完全平方数比平方根十位上的数加个位上 5 的平方数大，那么平方根的个位上是 6~9 中的数。

独立思考练习题二十六 （答案见 167 页）

下列各数都是一个两位数的平方数，求这个数。

（1）729　　　　（2）5476　　　　（3）3364

二　已知一个两位数的立方数，求这个数

例如：已知一个正方体的体积是 8，它的棱长是多少？也就是 $a^3 = 8$，我们马上可求出 $a = 2$（因为 $2 \times 2 \times 2 = 8$），它的棱长是 2。

课题：已知一个两位数的立方数，求这个两位数

同样可以很快算出：

$a^3 = 27$，$a = 3$

$a^3 = 729$，$a = 9$（因为我们熟背了 $1^3 \sim 9^3$）

那么 $a^3 = 50653$，$a = ?$ 即：一个数的立方是 50653，这个数是多少？

这样算：（1）最小的两位数的立方数是 $10^3 = 1000$，最大的两位数的立方数是 $99^3 = 970299$，50653 介于 $1000 \sim 970299$，因此这个数是个两位数。

（2）50653 百位前的数 50 介于 $3^3 = 27$ 和 $4^3 = 64$ 之间，那么这个两位数是 30 多，十位上的数是 3。

（3）50653 的个位上的数是 3，只有 $7^3 = 343$，所以这个两位数的个位上的数是 7。

前面要求记住"$1 \sim 9$ 这 9 个数字在 $1 \sim 9$ 的立方数的尾数中都只出现一次"，这里用上了哦！

解答：这个数是 37。

又如：一个两位数的立方数是 571787，这个数是多少？

这样算：（1）571787 百位前的 571 介于 $8^3 = 512$ 和 $9^3 = 729$ 之间，因此这个两位数的十位上的数是 8。

（2）571787 的个位上的数是 7，$3^3 = 27$ 的个位上的数是 7，所以，这个两位数的个位上的数是 3。

解答：这个两位数是 83。

小　结

已知一个两位数的立方，求它的立方根的闪算方法是：

（1）看已知数最后三位数前的数（也就是百位前的数）是介于哪两个连续自然数的立方数之间，立方根的十位上的数就是连续自然数的较小数。

（2）看立方数最后一位上是几，和 $1 \sim 9$ 的立方数相对照，和哪个数的立方的个位上的数相同，立方根的个位上的数就是哪个数。

爸爸带新宇到奥运场馆水立方去游泳。爸爸说："水立方的地面是近似边长175米的正方形，但水立方并不是正方体。如果按照它现在的高来计算正方体的体积是29791立方米。新宇，你知道水立方的占地面积和高各是多少吗？"

新宇说："水立方的占地面积为175×175＝30625（平方米）。29791的百位前的数是29，29比3的立方27多一点儿，立方根的十位就是3。29791的个位上的数是1，只有1的立方是1，立方根的个位上的数是1，水立方的高为31米。"

新宇补充道："水立方当然不是正方体啦，它是底面为正方形的长方体。"

独立思考练习题二十七 （答案见167页）

下列各数都是一个两位数的立方数，求立方根。

(1) 12167　　　(2) 474552　　　(3) 753571

本书虽然到此结束了，但是新宇一家的幸福生活依然继续着。爸爸、妈妈辛勤工作之余，经常和新宇一起外出活动。这不，冬天到了，滑冰场上又出现了新宇和爸爸的身影。

　　新宇依旧遇到什么数都喜欢算一算，在同学中"闪算大王"成了他的绰号，而且近来他的作文还常常成为全班的范文，每当大家夸奖新宇的时候，他总是不好意思地挠挠头，说："我就是把自己经历的、想到的事写了出来而已。"

独立思考练习题部分参考答案

（注：许多题目解法不唯一）

独立思考练习题一

（1）$54+18=54+（20-2）=72$

（2）$796+615=（800-4）+615=1411$

（3）$9999+999=（9999+1）+（999-1）=10998$

（4）$112-89=112-（90-1）=23$

（5）$731-485=731-（500-15）=246$

（6）$3856-587=3856-（600-13）=3269$

（7）$3.75+6.3=（4-0.25）+6.3=10.05$

（8）$\frac{1}{3}+\frac{8}{9}=\frac{1}{3}+（\frac{6}{9}+\frac{2}{9}）=\frac{1}{3}+\frac{2}{3}+\frac{2}{9}=1\frac{2}{9}$

（9）$\frac{5}{6}+\frac{7}{12}=\frac{5}{6}+（\frac{2}{12}+\frac{5}{12}）=\frac{5}{6}+\frac{1}{6}+\frac{5}{12}=1\frac{5}{12}$

独立思考练习题二

（1）$44+38=44+36+2=82$

（2）$63+189=（52+11）+189=252$

（3）$7985+28=7985+（15+13）=8013$

（4）$864-257=864-（264-7）=607$

（5）$38.7-20.9=38.7-（21-0.1）=17.8$

（6）$754350-754323=50-23=27$

独立思考练习题三

（1）$51-24=50-20-（4-1）=27$

（2）$923-369=900-300-（69-23）=554$

（3）$3720-168=3700-100-（68-20）=3552$

独立思考练习题四

1. （1） 24，65，99，92，89，62，93，43，34，87

（2） 924，965，896，992，989，616，282，943，934，1

（3） 9924，9965，9999，9992，9889，9616，2817，9421，9934，112

2. （1） $674 - 381 = 674 - 400 + 19 = 293$

（2） $364 + 268 = 364 + 300 - 32 = 632$

（3） $1321 - 427 = 1321 - 500 + 73 = 894$

独立思考练习题五

1. （1） $91 - 19 = (9 - 1) \times 9 = 72$　　（2） $721 - 127 = (7 - 1) \times 9 = 594$　　（3） $10000 - 375 = 9625$

2. $18 = 2 \times 9$，被减数的十位数和个位数相差2或者被减数和减数（头 – 头）$= 2$，就符合条件。$31 - 13$、$42 - 24$、$53 - 35$、$64 - 46$、$75 - 57$、$86 - 68$、$97 - 79$，共7个等式符合条件。

3. 三位数的颠倒数相减的差是99，即 1×99，也就是说百位、个位的数字差是1，可有2和1、3和2、4和3、5和4、6和5、7和6、8和7、9和8，共8组。每组的十位都可以是0～9的数。所以，三位数的颠倒数相减的差是99的算式有 $8 \times 10 = 80$ 个。

独立思考练习题六

1. （1） $846 \times 5 = 4230$

（2） $769 \times 5 = 3845$

（3） $760 \div 5 = 760 \div 10 \times 2 = 152$

（4） $326 \times 50 = 16300$

（5） $131 \times 25 = 3275$

（6） $354 \times 125 = 44250$

（7） $75000 \div 125 = 75000 \div 1000 \times 8 = 600$

（8） $53 \times 11 = 583$

（9） $682 \div 11 = 62$

2. $37 \times 3 = 111$ $37 \times 6 = 222$ $37 \times 9 = 333$

$37 \times 12 = 444$ $37 \times 15 = 555$ $37 \times 18 = 666$

$37 \times 21 = 777$ $37 \times 24 = 888$ $37 \times 27 = 999$

独立思考练习题七

（1） $74 \times 9 = 666$ （2） $6 \times 99 = 594$ （3） $82 \times 99 = 8118$

（4） $76 \times 999 = 75924$ （5） $297 \times 99 = 29403$ （6） $297 \div 9 = 33$

独立思考练习题八

（1） $12 \times 17 = 204$ （2） $16 \times 13 = 208$ （3） $13 \times 13 = 169$

（4） $17 \times 16 = 272$ （5） $18 \times 13 = 234$ （6） $19 \times 19 = 361$

独立思考练习题九

（1） $34 \times 38 = (34 + 8) \times 30 + 4 \times 8$

　　　或 $(34 - 2) \times 40 + 6 \times 2$

　　　或 $(34 - 12) \times 50 + 16 \times 12 = 1292$

（2） $52 \times 56 = (52 + 6) \times 50 + 2 \times 6 = 2912$

（3） $48 \times 47 = (48 - 3) \times 50 + 2 \times 3 = 2256$

（4） $92 \times 91 = (92 - 9) \times 100 + 8 \times 9 = 8372$

（5） $83 \times 84 = (83 - 16) \times 100 + 17 \times 16 = 6972$

（6） $6.2 \times 6.3 = (6.2 + 0.3) \times 6 + 0.2 \times 0.3 = 39.06$

　　　或 $= (62 \times 63) \times 0.01 = 39.06$

独立思考练习题十

1. （1） $102 \times 108 = (102 + 8) \times 100 + 2 \times 8 = 11016$

（2）$26 \times 34 = (26 + 4) \times 30 - 4 \times 4 = 884$

（3）$48 \times 54 = (48 + 4) \times 50 - 2 \times 4 = 2592$

（4）$37 \times 49 = (37 - 1) \times 50 + 13 \times 1 = 1813$

（5）$106 \times 93 = (106 - 7) \times 100 - 6 \times 7 = 9858$

（6）$9.2 \times 1.09 = 92 \times 109 \times 0.001 = 10.028$

2.（1）$496 \times 504 = (496 + 4) \times 500 - 4 \times 4 = 249984$

（2）$1008 \times 993 = (1008 - 7) \times 1000 - 8 \times 7 = 1000944$

（3）$2013 \times 1998 = (2013 - 2) \times 2000 - 13 \times 2 = 4021974$

独立思考练习题十一

（1）$26 \times 34 = 30^2 - 4^2 = 884$

（2）$248 \times 252 = 250^2 - 2^2 = 62496$

（3）$2975 \times 3025 = 3000^2 - 25^2 = 8999375$

（4）$81^2 - 79^2 = (81 + 79) \times (81 - 79) = 320$

（5）$0.39 \times 0.41 = 0.4^2 - 0.01^2 = 0.1599$

（6）$5\dfrac{5}{7} \times 6\dfrac{2}{7} = 6^2 - \left(\dfrac{2}{7}\right)^2 = 35\dfrac{45}{49}$

独立思考练习题十二

（1）$48 \times 25 = 12 \times (4 \times 25) = 1200$

（2）$14 \times 35 = 7 \times (2 \times 35) = 490$

（3）$45 \times 16 = 45 \times 2 \times 8 = 720$

（4）$0.75 \times 16 = 3 \times (0.25 \times 4) \times 4 = 12$

（5）$7.2 \times 1.25 = 9 \times (8 \times 125) \times 0.001 = 9$

（6）$59 \times 24 = (60 - 1) \times 24 = 1416$

（7）$775 \times 8 = (800 - 25) \times 8 = 6200$

（8）$0.79 \times 1.25 = (80 \times 125 - 125) \times 0.0001 = 0.9875$

（9）$8 \times 37.4 = (8 \times 375 - 8) \times 0.1 = 299.2$

(10) $8 \times 5\frac{1}{16} = 8 \times \left(5 + \frac{1}{16}\right) = 40\frac{1}{2}$

(11) $\frac{3}{56} \times 57 = \frac{3}{56} \times (56 + 1) = 3\frac{3}{56}$

(12) $39 \times \frac{39}{40} = 39 \times \left(1 - \frac{1}{40}\right) = 38\frac{1}{40}$

独立思考练习题十三

(1) $27 \times 46 = 842 + (2 \times 6 + 7 \times 4) \times 10 = 1242$

(2) $37 \times 72 = 2114 + (3 \times 2 + 7 \times 7) \times 10 = 2664$

(3) $42 \times 86 = 3212 + (4 \times 6 + 2 \times 8) \times 10 = 3612$

独立思考练习题十四

(1) $73 \times 48 = 48 \times 73 = 3524 + (12 - 14) \times 10 = 3504$

(2) $27 \times 36 = 942 + (12 - 9) \times 10 = 972$

(3) $52 \times 38 = 38 \times 52 = 2016 + (6 - 10) \times 10 = 1976$

(4) $34 \times 67 = 67 \times 34 = 2128 + (24 - 9) \times 10 = 2278$

(5) $58 \times 39 = 39 \times 58 = 2072 + (24 - 5) \times 10 = 2262$

(6) $73 \times 82 = 6406 + (14 - 56) \times 10 = 5986$

2. (1) $46 \times 64 = 2944$ (2) $92 \times 87 = 8004$

（每道题都可以用神奇速算、交叉相乘、取标准数及转换法等多种算法计算。）

独立思考练习题十五

1. 用"同头尾凑十"的方法计算下列各题。

(1) $72 \times 78 = 5616$ (2) $36 \times 34 = 1224$

(3) $126 \times 124 = 15624$ (4) $9992 \times 9998 = 99900016$

2. (1) $15^2 = 225$ $25^2 = 625$ $35^2 = 1225$

　　　$45^2 = 2025$ $55^2 = 3025$ $65^2 = 4225$

$$75^2 = 5625 \qquad 85^2 = 7225 \qquad 95^2 = 9025$$

（2）$195^2 = 38025 \qquad 105^2 = 11025 \qquad 9995^2 = 99900025$

3.（1）$4\dfrac{1}{3} \times 4\dfrac{2}{3} = 4 \times 5 + \dfrac{1}{3} \times \dfrac{2}{3} = 20\dfrac{2}{9}$

（2）$13\dfrac{1}{2} \times 13\dfrac{1}{2} = 182\dfrac{1}{4}$

独立思考练习题十六

1.（1）$66 \times 73 = 4818$　（2）$37 \times 44 = 1628$　（3）$7.3 \times 22 = 160.6$

2. 填表略。共 81 个 "合十重复数" 算式，其中有 9 个是 "首同尾合十" 算式。

独立思考练习题十七

1.（1）$27 \times 87 = 2349$　（2）$38 \times 78 = 2964$　（3）$87 \times 2.7 = 234.9$

2. 只有 1 个：73×33。

独立思考练习题十八

1.（1）$36 \times 89 = 3204$　（2）$72 \times 56 = 4032$

（3）$0.63 \times 23 = 14.49$

2. 共 8 个：27×12，27×23，27×34，27×45，27×56，27×67，27×78，27×89。

独立思考练习题十九

（1）$31 \times 61 = 1891$　（2）$51 \times 71 = 3621$　（3）$91 \times 0.81 = 73.71$

独立思考练习题二十

（1）$25 \times 65 = 1625$　　（2）$75 \times 45 = 3375$

（3）$23 \times 57 = 57 \times 23 = 1221 + （5 - 2） \times 30 = 1311$

<h2>独立思考练习题二十一</h2>

（1）$43 \times 46 = 2018 - 40 = 1978$

（2）$68 \times 61 = 4208 - 60 = 4148$

（3）$68 \times 63 = 4224 + 60 = 4284$

（4）$72 \times 7.9 = （5618 + 70）\times 0.1 = 568.8$

（以上各题计算方法不唯一）

<h2>独立思考练习题二十二</h2>

1.

$$\begin{array}{r} 1 \\ \square\,\overline{)\,10\,.\,00} \\ \square \\ \hline 4 \end{array}$$

第一步：$10 \div \square = 1 \cdots\cdots 4$，可以推出 $(10-4) \div 1 = 6$，除数是6。

$$\begin{array}{r} 1\,.\,6 \\ 6\,\overline{)\,10\,.\,00} \\ 6 \\ \hline 4\quad0 \\ 3\quad6 \\ \hline 4\quad0 \end{array}$$

第二步：40个0.1除以6，商6，余4个0.1。

$$\begin{array}{r} 1\,.\,6\,6 \\ 6\,\overline{)\,10\,.\,0\,0} \\ 6 \\ 4\quad0 \\ 3\quad6 \\ \hline 4\quad0 \\ 3\quad6 \\ \hline 4 \end{array}$$

第三步：40个0.01除以6，商6，余4个0.01。

$10 \div 6 = 1.\dot{6}$

2.（1）$35 \times \dfrac{1}{7} \div \dfrac{1}{5} \bigcirc 35 \div 7 \times \dfrac{1}{5}$

先统一运算符号，再比较两个式子的大小。

等式左边：$35 \times \dfrac{1}{7} \div \dfrac{1}{5} = 35 \div 7 \times 5$

与等式右边 $35 \div 7 \times \dfrac{1}{5}$ 比较

$$35 \div 7 \times 5 > 35 \div 7 \times \dfrac{1}{5}$$

原式　　$35 \times \dfrac{1}{7} \div \dfrac{1}{5} > 35 \div 7 \times \dfrac{1}{5}$

（2）$\dfrac{4}{5} \times \dfrac{x}{5} \bigcirc \dfrac{4}{5} \div \dfrac{x}{5}$（$\dfrac{x}{5}$ 是真分数）

方法一：用枚举法

例如：$\dfrac{4}{5} \times \dfrac{2}{5} = \dfrac{8}{25}$

$\dfrac{4}{5} \div \dfrac{2}{5} = \dfrac{4}{5} \times \dfrac{5}{2} = 2$

$\dfrac{4}{5} \times \dfrac{2}{5} < \dfrac{4}{5} \div \dfrac{2}{5}$

$\dfrac{4}{5} \times \dfrac{x}{5} < \dfrac{4}{5} \div \dfrac{x}{5}$

还可以继续枚举下去，结论相同。

方法二：从算式的意义分析

$\dfrac{4}{5} \times \dfrac{x}{5}$，表示把 $\dfrac{4}{5}$ 平均分成 5 份，有这样的 x 份，因此 $\dfrac{4}{5} \times \dfrac{x}{5}$ 的

计算结果一定小于 $\dfrac{4}{5}$。$\dfrac{4}{5} \div \dfrac{x}{5}$，表示把 $\dfrac{4}{5}$ 平均分成 x 份，有这样的 5

份（x 可以是 1 份，2 份，3 份，4 份，因为 $x < 5$），因此 $\dfrac{4}{5} \div \dfrac{x}{5}$ 的

计算结果一定大于 $\dfrac{4}{5} \times \dfrac{x}{5}$。由此推导出 $\dfrac{4}{5} \times \dfrac{x}{5} < \dfrac{4}{5} \div \dfrac{x}{5}$。

（3）$\dfrac{4.3a}{100} \bigcirc \dfrac{4.3 \div a}{100}$

两个分数的分母相同，只要比较分子的大小就可以判断哪个分数大了。如果 a 大于 1，那么 $4.3a > 4.3 \div a$，则 $\dfrac{4.3a}{100} > \dfrac{4.3 \div a}{100}$。如果 a 是小于 1 的数，那么 $4.3a < 4.3 \div a$，则 $\dfrac{4.3a}{100} < \dfrac{4.3 \div a}{100}$。$a = 0$ 没有意义。

本题由于 a 的取值不确定，所以答案也不唯一。

3.（1）以 $\dfrac{1}{2} + \dfrac{1}{4} + \dfrac{1}{8}$ 为例，原式为 $\dfrac{4}{8} + \dfrac{2}{8} + \dfrac{1}{8} = \dfrac{7}{8}$，$\dfrac{7}{8} = 1 - \dfrac{1}{8}$

$1 - \dfrac{1}{8}$ 就是 $\dfrac{1}{2} + \dfrac{1}{4} + \dfrac{1}{8}$ 的简约算式，原式和简约算式的结果相同。因此 $\dfrac{1}{2} + \dfrac{1}{4} + \dfrac{1}{8} = 1 - \dfrac{1}{8} = \dfrac{7}{8}$。

（2）原式 $\dfrac{1}{2} + \dfrac{1}{4} + \dfrac{1}{8} + \dfrac{1}{16} = 1 - \dfrac{1}{16} = \dfrac{15}{16}$。

（3）$\dfrac{1}{2} + \dfrac{1}{4} + \dfrac{1}{8} + \cdots + \dfrac{1}{256} = 1 - \dfrac{1}{256} = \dfrac{255}{256}$

（4）$\dfrac{1}{2} + \dfrac{1}{4} + \dfrac{1}{8} + \cdots + \dfrac{1}{2048} = 1 - \dfrac{1}{2048} = \dfrac{2047}{2048}$

独立思考练习题二十三

（答案略）

独立思考练习题二十四

2.（1）$26 \times 65 = 1690$　　（2）$36 \times 45 = 1620$

　　（3）$64 \times 16 = 1024$　　（4）$54 \times 36 = 1944$

　　（5）$49 \times 63 = 3087$　　（6）$81 \times 27 = 2187$

独立思考练习题二十五

1.（1）$75^2 = 5625$　　（2）$65^2 = 4225$

$(3)\ 47^2 = (25 - 3) \times 100 + 3 \times 3 = 2209$

$(4)\ 83^2 = (83 - 17) \times 100 + 17^2 = 6889$

$(5)\ 73^2 = (73 + 3) \times 70 + 3 \times 3 = 5329$

$(6)\ 97^2 = (97 - 3) \times 100 + 3 \times 3 = 9409$

2. $105^2 = 11025$ $115^2 = 13225$ $125^2 = 15625$

    $135^2 = 18225$ $145^2 = 21025$ $155^2 = 24025$

    $165^2 = 27225$ $175^2 = 30625$ $185^2 = 34225$

    $195^2 = 38025$

独立思考练习题二十六

（1）27   （2）74   （3）58

独立思考练习题二十七

（1）23   （2）78   （3）91

参 考 文 献

[1]　亚瑟·本杰明，迈克尔·谢尔默. 生活中的魔法数学[M].
　　　北京：中国传媒大学出版社，2009

[2]　刘后一. 算得快[M]. 北京：中国少年儿童出版社，2004

[3]　柳强殷. 超右脑 19×19 的口诀[M]. 天津：天津教育出
　　　版社，2006

[4]　魏德武，过水根. 神奇速算[M]. 福州：福建人民出版
　　　社，2010

[5]　健本聪. 快速提高计算力[M]. 海口：南海出版公
　　　司，2010

[6]　高桥清一. 有趣的印度数学[M]. 长沙：湖南科学技术
　　　出版社，2010

[7]　瓦利·纳瑟. 风靡全球的心算法 印度式数学速算[M].
　　　北京：中国传媒大学出版社，2010

反侵权盗版声明

电子工业出版社依法对本作品享有专有出版权。任何未经权利人书面许可，复制、销售或通过信息网络传播本作品的行为；歪曲、篡改、剽窃本作品的行为，均违反《中华人民共和国著作权法》，其行为人应承担相应的民事责任和行政责任，构成犯罪的，将被依法追究刑事责任。

为了维护市场秩序，保护权利人的合法权益，我社将依法查处和打击侵权盗版的单位和个人。欢迎社会各界人士积极举报侵权盗版行为，本社将奖励举报有功人员，并保证举报人的信息不被泄露。

举报电话：（010）88254396；（010）88258888

传　　真：（010）88254397

E-mail：　dbqq@phei.com.cn

通信地址：北京市万寿路 173 信箱

　　　　　电子工业出版社总编办公室

邮　　编：100036